乡村建筑外环境营建：以西部山地乡村为例

韦 娜 著

中国建筑工业出版社

图书在版编目（CIP）数据

乡村建筑外环境营建：以西部山地乡村为例 / 韦娜著 . —北京：中国建筑工业出版社，2021.9

ISBN 978-7-112-26550-3

Ⅰ. ①乡… Ⅱ. ①韦… Ⅲ. ①乡村规划－建筑设计－环境设计－研究 Ⅳ. ① TU982.29

中国版本图书馆 CIP 数据核字（2021）第 186515 号

责任编辑：张幼平 费海玲

责任校对：李美娜

乡村建筑外环境营建：以西部山地乡村为例

韦 娜 著

*

中国建筑工业出版社出版、发行（北京海淀三里河路9号）

各地新华书店、建筑书店经销

北京建筑工业印刷厂制版

北京建筑工业印刷厂印刷

*

开本：787毫米×1092毫米 1/16 印张：10½ 字数：160千字

2021年9月第一版 2021年9月第一次印刷

定价：**58.00**元

ISBN 978-7-112-26550-3

（38003）

前 言

我国是一个多山的国家，山地面积占到国土面积的70%左右。我国西部地区山地分布广泛，除了少数几个较为狭小的平原和一些零散分布的地势平坦区域外，大部分为山地所覆盖，是我国经济欠发达、需要加强开发的地区。在西部，相当多的农民生活在山地乡村。西部山地乡村地形复杂，气候类型多样，加上山地乡村居民的生活习惯，因此形成了独特的建筑外部空间形态。

在西部大开发、乡村振兴等国家政策的推动下，乡村经济蓬勃发展，乡村社会文化与环境也发生了巨大变化，西部山地乡村的外部空间正面临着一场重要的变革。农业生产方式日趋现代化和机械化导致传统乡村生活方式和民风、民俗改变，"城市化"对乡村空间的负面影响日渐凸显，表现为：乡村环境问题突出，乡村资源大量浪费与流失，城市蔓延带来了人地矛盾。乡村整体环境必须得到重视和保护。

本书以西部山地乡村建筑外环境营建及营建策略研究为主要内容，力图在融合环境生态学、环境心理学、环境伦理学、环境美学等理论知识的基础上，通过了解西部山地乡村的地形、气候特点以及外环境特征、构成要素、控制要素，借鉴国内外研究成果，提出西部山地乡村建筑外环境的营建策略。

首先，本书从分析西部山地乡村建筑外环境的现状开始，针对营建活动中存在的环境问题、生态破坏问题提出研究的必要性与重要性；其次，对于涉及的一些相关概念进行解释与界定，结合西部山地地区的气候特征，对建筑外环境的组成要素及建筑外环境中的影响因子进行分析，总结西部山地乡村建筑外环境特征，为西部山地乡村建筑外环境设计实践奠定理论基础；再次，对环境中物理社会环境、生物社会环境及心理社会环境进行区分，从环境心理学的角度对人的需求进行分析，重点讨论人的行为和人的心理对于建筑外环境营建的影响；再其次，分析并总结建筑外环境的构成要素、影响因素及控制要素，遵循建筑外环境的营建原则，提出西部山地乡村进行外环境营建的策略——西部山地乡村外环境营建应当从村民的基本需求出发，结合当地地形、气候、文化、经济等条件，引导山地乡村村民合理改造，改善居住环境，在有限的经济条件下完善当地的外部空间环境；最后，以典型的研究案例——四川成都大坪村的规划项目为例，从初期的实地调研、测试分析、村落总体规划、民居单体设计到项目建成以及逐步完善，并对参与项目的建筑外环境整体效果进行总结，为我国西部山地乡村建筑外环境营建提供借鉴。

本书是团队协作的成果。本书作者多年来一直从事乡村民居更新及乡村人居环境营建方面的理论与实践研究。在完成所主持的国家自然科学基金项目（51808428）、住房与城乡部建设项目（2017-K6-010）以及陕西省自然科学基金项目（2018JM5075）的过程中，作者多次带领研究生赴陕西、四川、山西、甘肃等地多个乡村进行调研考察，期间，岐山县、扶风县、青川县、剑阁县、彭山县、子洲县、清涧县等地城乡建设局的工作人员对调研工作给予了极大的支持和帮助，西安建筑科技大学硕士研究生刘倩倩、张迪、阎莹、李冬羽等同学协助做了大量的测试、访谈工作，郭月、高哲、裴苑利、秦珂凝、黄媛筠、杨紫婷、冯爽等同学协助插图绘制工作，郭凯迪、马梦娇、乔盼盼、荆一帆、晋振华、赵锐、柳思雨、闫姣等同学承担了调研成果整理及相关资料的整合工作，在此一并表示感谢！

目　录

1 绪 论

1.1 研究缘起

我国是一个山地大国，如果将中国的版图看作是一只大公鸡的话，那么它的骨架就是由众多高大雄伟的、不同走向的山脉构成。在我国，山区集中分布在西部和各省（自治区、直辖市）的边界以及交界地带，主要为少数民族的聚居区[①]。我国的地理格局从西向东呈三大阶梯状，我国很多风景秀丽的地方都是在三大阶梯地势转换的地方，这里属于山地地区（图 1.1），但同样也是自然灾害最为集中的地方[②]。

① 陈国阶．中国山区发展报告：中国山区聚落研究［M］．北京：商务印书馆，2007.

② 支撑起中国山区的明天——中科院水利部成都山地灾害与环境研究所发展纪实．科学时报，2009-10-14（B1）.

图 1.1　我国的山地景观（一）

图 1.1 我国的山地景观（二）

对于我国的经济社会发展来说，山地作为重要的资源基地，将长期地、持久地保障着国家的生态环境安全。有人将山地比作江河的“天然水塔”，“自然资源的重要聚集区、生物多样性的宝库和生态环境的重要屏障”。但是，在各种不利因素和困难影响下的山地乡村在发展上实际是弱势区域中的弱势基层，是贫困中的特殊聚群，山地乡村居民是我国弱势群体中的底层弱者，是山区贫困的主要载体，因此，我国山地乡村可以形容为“地形上的隆起，经济上的低谷”①。

随着生产技术和生产方式的迅速发展，现代经济迅速增长。为了更多地生产具有更高经济价值的东西，生产技术和生产方式必须将人和物集聚起来，这种集聚意味着人们的物质更加丰富、生活更加方便、时间更加充裕等②，但是也带来了不良的后果：因为生产需要资源，为了无限地获得资源而进行盲目开发；生产过程中的副产品会给人及生物带来危害，例如水污染、大气污染，从而导致整个环境的污染。

人类频繁的改造和建造活动其实就是改变和影响地球环境的过程，在这个过程中，山地系统是最为敏感的区域之一。这是因为，随着工业化和城市化的推进，山地乡村的土地资源、矿物资源、水资源等的开发强度日益加大，这与山区脆弱的生态环境形成了尖锐的矛盾，加上山地地区自然灾害的频繁影响，这就要求加强对山地的综合研究，以解决山地开发与山地乡村发展过程中的一系列问题。

1.1.1 历史脉络下的环境因素

在中国历史上，汉、唐、元、清先后进行了四次西部开发。

公元前138年至公元前119年，张骞两次出使西域，建立了汉朝同西域各国之间的政治、经济、文化交流，这是中西交通开拓的一个重要标志；到了公元前60年，西汉政府设立了西域都护总管西域事务，同时制定了一系列措施对西域进行开发治理，包括屯垦戍边、驻扎军队、因俗而治等。

随着疆土范围的不断扩大，唐代在西汉的基础上形成了西部开发的高潮，西部开发进入了新的阶段。其主要特点为：军事管理机构完善，开发进程加快；对经济、资源等进行综合开发，各方面建设协调进行；尊重各地区不同民族的合法权益。

到了元代，为了更加全方位地开发西部经济，采取了一系列措施，包括：实行军屯、民屯以及开垦荒地；设立一系列行业管理机构，加强手工业发展；在全国设立六十多所驿站，保障信息传递畅通；统一货

① 陈国阶．中国山区发展报告：中国山区聚落研究［M］.

② 相马一郎．环境心理学［M］．周畅，李曼曼译．北京：中国建筑工业出版社，1986.

币，发展西域经济；降低赋税，减轻百姓经济负担；重用西域各民族人才。

清代对于西部大开发也极为重视，主要成绩包括：设置安全及通信系统；同元代一样，采取军屯、民屯以及犯屯等形式，发展农业；重视发展民间商业，各地之间商业往来频仍。

当代西部大开发是在世纪之交提出并启动的，其目的是希望通过沿海地区的剩余经济来发展西部地区。西部大开发的范围很广，包括陕西、甘肃、青海、宁夏、贵州、云南、内蒙古等十二个省、市、自治区。西部地区有着广阔的土地，其面积达到 685 万 km^2，占到我国国土面积的 71.4%[①]，同时，西部地区也有着丰富的自然资源，但是受到历史、文化等各方面因素的影响，总的来说，西部地区的经济相对落后，与东部地区的发展存在着较大的差距，因此，加强西部地区的开发与建设是我国现代化建设中一项十分重要的任务。

对于西部地区来说，制约经济发展的一个重要因素是基础设施较为落后，实施西部大开发就需要加快基础设施建设；另外，西部地区气候干旱，植被覆盖率较低，黄土、泥石、山地多，生态环境脆弱，有数据显示，西部地区 25° 以上陡坡耕地面积占全国耕地面积的 70% 以上，每年新增的荒漠化面积占全国的 90% 以上。因此，总的来说，西部大开发第一步就是进行基础设施、生态环境以及科技教育等方面的建设。

1.1.2 时代演进的发展需求

1）城市化快速推进

城市化又称为城镇化，它指的是乡村向城市转变的过程，其内容包括乡村居民职业的转变，乡村居民生活方式、价值观的转变以及乡村中土地利用的转变[②]（图 1.2、图 1.3）。

一般来说，城市化的发展过程可分成四个阶段：一般城市化、郊区城市化、逆城市化、再城市化[③]。一般城市化指的是乡村人口向城市转变、聚集。郊区城市化指的是城市中的部分人群向郊区转移，这一部分人群主要为城市中的中上阶层。逆城市化指的是一些大城市中心区域部

① 张绪胜．西部大开发［M］．北京：经济管理出版社，2001.

② 保罗·诺克斯．城市化［M］．北京：科学出版社，2009.

③ 朱道才．城市化问题的争议与诠释［J］．学术界，2009.

分人群向更远的城镇或者农村转移，这种现象在发达国家较为常见，它不是城市化的逆转，而是城市化扩展的另外一种表现[①]。再城市化是逆城市化的应对过程，其目的是开发城市中心的衰落地区，进一步提升城市的功能和内涵，最终结果是减少城乡差别，形成一体化，其最主要的表现是大城市中心区萎缩，中小城镇迅速发展，乡村人口数量增多，城市人口向乡村居民点和小城镇回流。

① 李涛．城市化的四种模式［J］．经济展望，2010.

乡村的城市化其实就是城市中的各种要素在乡村中不断发展、逐渐增长的过程，主要表现为：城市地域不断扩大，用于农业的土地被用作厂房、商店及住宅等非农业用地，农民的角色也由最初的专业农户向兼业农户及脱离土地的非农户发展。乡村城市化的目标是减少城市同乡村

图 1.2　青木川镇建设情况

（a）传统民居形成的街道

（b）新建民居形成的街道

图 1.3　青木川新、旧街道比较

图 1.4　乡村环境污染现状

的差别，最终实现乡村同城市的协调发展，使所有的居民共同享受现有的物质及精神文明。

城市化是历史发展的必然产物，也是社会发展的潮流，它与工业化相伴而生，不断发展的社会以及不断繁荣的经济都与工业化、城市化有着很大的关系。在这个过程中，我们的生活变得越来越舒适，但是也给乡村带来了很多现实的问题——资源的过度消耗，气候、环境的变异、污染以及生态环境的破坏，由此影响了人们的居住方式和居住环境（图 1.4）。我国西部地区经济相对落后，尤其是山地乡村整体发展较为缓慢，而快速发展的城市化对西部山地乡村的影响极为巨大，外部空间环境已经成为目前重点关注的问题之一。

2）可持续发展观念

可持续与发展密不可分，简单来说，就是在不断发展经济的同时保护好各类资源及环境，以保证我们的子孙后代能够安居乐业。因此，可持续发展的内涵包括以下两个方面[①]：既满足当代人的需求，又不会对后代的需求造成危害。当前可持续发展观念已经成为全球共识，人类住区发展以及居住环境问题已成为亟待解决的重要问题。近年来，联合国人居中心联合一些国际组织在一些发展中国家进行了优化住区环境的试验，力求解决“乡村住区的平衡发展问题”。这些建设性试验的重点就是要加强城乡联系，并且将城市和乡村看成是人类住区连续、统一体的两个终端[②]。

可持续发展观念的形成展示了一种崭新的社会文明观，并对物质文

① 曾德付．“人地关系思想的演变”重难点解析及教学建议［J］．地理教育，2011.

② 余斌．城市化进程中的乡村住区系统演变与人居环境优化研究［D］．华中师范大学，2007.

明和精神文明起到了明显的推动作用。乡村建设在可持续发展观念的影响下也在不断变化。

3）环境的时代特征

（1）人口问题

人口问题与环境问题有着密切的因果关系，一定地理环境和生产力水平条件下，人口的增长应当保持适当的比例。地球上急剧增加的人口已成为当今世界首要的环境问题，是当代许多社会问题的核心。

1999 年初联合国人口基金会公布的统计数字向人们展示了全球人口增长的历程：1804 年左右，世界人口为 10 亿，1927 年达到 20 亿，1960 年达到 30 亿，1974 年人口为 40 亿，1987 年上升到 50 亿，1999 年为 60 亿。2005 年 6 月，世界人口为 64.75 亿。可以看出，世界人口的增长速度 20 世纪后期以大约每十年近十亿的速度快速增长。2011 年 10 月底，世界人口达到了 70 亿，预计 2040 年世界人口会达到 80 亿，到 21 世纪末将突破 100 亿关口（图 1.5）。

迅速激增的世界人口使得全球范围内的水资源缺乏、土地沙漠化、生物多样性破坏等一系列环境问题愈加严重。急剧增加的人口导致人类对资源的需求加大，资源供需矛盾突出，环境污染问题凸显，最终导致人口与环境之间的严重失调。

（2）环境问题

环境问题指的是由于当今人类的各种活动作用于周围的环境而引起的环境质量的变化，以及环境中的这些变化对人的生活、生产所造成的

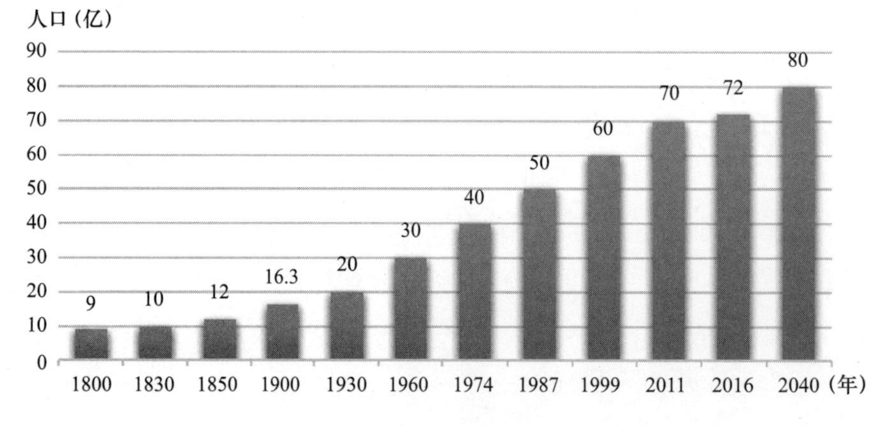

图 1.5　世界人口增长速度

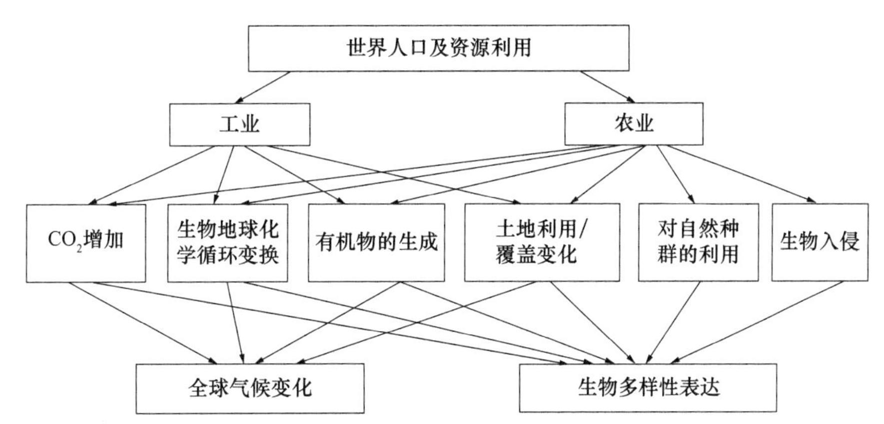

图 1.6 世界人口及资源利用

影响。人类在改造自然、创建美好社会环境的过程中不断进步。自然环境的发展变化有其固有的规律，同时也受社会环境的影响，人类和环境相互影响、相互作用，进而产生环境问题。一般来说，环境问题可以分为两类：一类是由于诸如火山活动、地震、海啸等自然灾害造成的环境破坏和环境污染；另一类是人为造成的环境污染和环境破坏，这些破坏和污染都是因为人类在生产、生活中的各种行为所产生的污染因素进入环境，且超过了环境所能承受的极限而导致的环境恶化以及资源枯竭现象。在当今社会，经常提到的环境问题，大多都是由人为因素造成的。

（3）资源问题

资源指的是可以被人们开发出来且可以利用的一切客观存在[①]。在人类不断的创造活动中，各类资源逐渐形成了一个资源系统，包括自然资源、社会经济资源及技术资源等。这里所说的资源问题主要是指由于人口增长和经济发展，对资源的过度开采和不合理开发利用导致的资源质量下降以及资源短缺问题（图 1.6）。

1.1.3 国家政策的积极推动

1）新农村建设的需要

新农村建设是在党的十六届五中全上会提出的，其建设目标包括发展生产、整治村容、民主管理等，目的就是推动具有中国特色的社会主义新农村的发展。新农村建设涉及的方面很广，例如乡村的政治、经

① 张双利．资源观视角下的林纸一体化战略研究［D］．中南林业科技大学，2011.

济、文化、教育、医疗以及乡村居民的生活保障等[①]，这些都会影响新农村建设的发展状况，因此，新农村建设在进行规划时应当坚持从实际出发、分步实施、稳步推进，根据平原、山区地理位置、人文、历史背景等因素，形成具有地方特色、民族特色的设计方案。

① 陈东旭．浅析建设社会主义新农村的路径与特征［J］．商场现代化，2009.

在西部山地乡村，村民大部分时间都是在住宅及其附近的活动空间里生产、生活，因此，室外环境对于当地人们来讲几乎与住宅同等重要（图 1.7～图 1.9）。

近些年来，随着乡村经济的不断发展，乡村居民收入和城市居民收入差距在不断缩小，乡村居民对于建筑及其外部空间环境的要求及标准也在不断变化，普遍来说，乡村居民已无法忍受破旧的、配套设施不全

图 1.7　出挑的屋檐形成的廊下空间

图 1.8　村民的室外空间环境

图 1.9　人们对廊下空间的利用

的居住环境，希望能够拥有和城里人一样的居住条件。因此，很多乡村村民自己拆旧建新，但是由于缺乏统一的初期规划，乡村中就出现了新建筑与旧建筑混杂的情况，乡村传统文化氛围逐渐削弱。因此，新农村建设从根本上说是要在改善乡村环境、建立新型现代化乡村体系的基础上提高乡村居民的居住环境，使乡村和城市间的差距逐渐缩小，最终促进乡村——城市的协调发展。

2）乡村振兴战略

“乡村振兴战略”2017 年由习近平同志在党的十九大报告中提出。2018 年 1 月，中共中央、国务院发布《中共中央国务院关于实施乡村振兴战略的意见》，2018 年 9 月中共中央、国务院印发了《乡村振兴战略规划（2018—2022 年）》并发出通知，要求各地区各部门结合实际认真贯彻落实。在当前新时代背景下，乡村振兴战略的提出为乡村建设与发展提供了有效指导，深化了乡村发展的策略性、实操性，是对新农村建设的发展与超越（表 1.1），为新时代乡村的更好发展提供了现实路径。

乡村振兴战略明确提出多项实施原则，坚持人与自然和谐共生，坚持因地制宜、循序渐进，坚持乡村全面发展并制定了“三步走”战略（2020 年、2022 年、2035 年和 2050 年），积极推进实施战略的目标任务，实现“管全面”“管长远”的宏伟蓝图，全面实现农业强、农村美、农民富。

新农村建设与乡村振兴战略总要求表述对比　　表 1.1

新农村建设		乡村振兴战略	
生产发展	新农村建设的中心环节，是实现其他目标的物质基础	产业兴旺	对生产环节有更高要求，提高农业综合生产能力，促进农村第一、二、三产业融合发展
生活宽裕	新农村建设的目的，主要在于改善衣食住行，提高生活水平	生活富裕	生活由宽裕到富裕，除基本物质生活水平的提高外，也体现为城乡居民生活水平差距的持续缩小
村容整洁	展现乡村新貌的窗口，实现人与环境和谐发展的必然要求	生态宜居	注重可持续发展，追求更高质量的人居环境
乡风文明	展现乡村新貌的窗口，体现农村精神文明建设的要求	乡风文明	坚持精神文明建设的要求，在乡村建设及村民精神面貌上呈现文明乡风、良好家风、淳朴风貌
管理民主	新农村建设的政治保证，对农民政治权利的尊重和维护	治理有效	注重公共参与性，使乡村充满活力、和谐有序

1.2 研究对象的界定

1.2.1 研究对象

对于人类来说，分布在第一阶梯区域内的乡村，其海拔高度其实就是人类生存环境的上限，这里的乡村居民几乎在生命禁区中生活，亦成为我国山地乡村的一大特色，但因其具有特殊性，因此，本书的研究主要针对第二阶梯至第三阶梯区域内的山地乡村进行，选择具有代表性的山地乡村进行调研并在当地进行设计实践。

从形式上说，建筑外环境包括自然环境和人工环境。自然环境是指自然界中原有的山川、河流、地形、地貌、植被及一切生物所构成的地域空间；而人工环境是指人类改造自然界而形成的人为的地域空间，像城市、乡村、建筑、道路等。外环境所涉及的范围与生态环境要协调统一，它们相互作用、相互影响，是共生的关系。

从空间角度来说，建筑外部空间环境泛指由实体构件围合起来的空间之外的一切领域，如房前屋后的院落、街道、广场、绿地。但是近几年随着建筑空间观念的日益深化，以及科学技术水平的不断提高，建筑内外环境的界限越来越模糊。

建筑外环境中的各种设施为人们提供空间载体，因此，布置的合理与否直接关系到空间利用效率和人际交往效果。传统的乡村建筑外环境不仅包括整个村落的建筑景观，也包括周围的农业景观以及自然景观，这些景观是当地历史和文化的反映，是人类改造、适应自然，与自然和谐相处的历史见证。近几年，乡村建筑外环境中的人工环境越来越多，而保持自然环境和人工环境的

图 1.10　乡村建筑外环境

协调发展，就是保护人类生存的基本外部条件，因此人工环境彼此之间的联系和与自然环境的相互关系也受到了广泛关注（图 1.10）。

本书的研究对象为西部山地乡村的建筑外环境，其研究范围的界定，从与建筑关系角度出发，主要包括三种形式：

1）因建筑占领构成空间所形成的单体建筑外环境；

2）因组团建筑围合构成空间所形成的组团建筑外环境；

3）因群体建筑占领与围合构成的整体空间所形成的群体建筑外环境。

包括院落、宅旁绿地、小广场、道路等都属于建筑的外部空间，都是为满足人们的某种日常行为而设置的建筑室外环境，有别于室内环境（图 1.10）

1.2.2　相关概念

1）中国西部

中国西部包括 12 个省市、自治区以及 2 个土家族苗族自治州。我国西部地区的人口数量大约为 3.8 亿，占到全国总人数的 29% 左右。这一地区土地资源丰富，面积约 685 万 km^2，约占全国陆地面积的 71.4%，人均占有耕地 2 亩，是全国平均水平的 1.3 倍。西部地区地域辽阔，但由于地形条件以及气候条件较差，因此人口密度相对稀疏（每平方公里 50 多人），远远低于全国每平方公里人数的平均水平[①]；西部的土地资源中平原面积占 42%，盆地面积不到 10%，约有 48% 的土地资源是沙漠、戈壁、石山和海拔 3000m 以上的高寒地区，且年平均气温偏低，大部分省区市在 10℃以下，有近一半地区年降水量在 200mm 以下。

西部地区旅游资源丰富多彩，别具一格，具有资源类型全面、特色与垄断性强、自然景观与人文景观交相辉映的特点。从自然资源看，西部地区地势从世界屋脊下落到低海拔平原，气候垂直分布明显，地貌包括几乎所有的类型，其中山地面积比例高，因此适合发展适应本地土地资源和自然条件的特色农业。

2）山地乡村

山地属地质学范畴，其地表形态按高程和起伏特征定义为海拔 500m

① 姚慧琴．中国西部经济发展报告 2009 [M]．北京：社会科学文献出版社，2009.

以上的高地，起伏很大，坡度陡峻，沟谷幽深，相对高差 200m 以上。

山地的表面形态奇特多样，有的彼此平行，绵延数千公里；有的相互重叠，犬牙交错，山里套山，山外有山，连绵不断。山由山顶、山坡和山麓三个部分组成（图 1.11）。它们以较小的峰顶面积区别于高原，又以较大的高度区别于丘陵①。

图 1.11　山地的基本形态

国外对于“乡村”这一概念的理解和划分标准与国内不尽相同，一般认为乡村的特点是人口密度低，聚居规模较小，以农业生产为主要经济基础，社会结构相对简单、类同，居民生活方式及景观上与城市有明显差别（图 1.12）。

在我国，乡村指县城以下的广大地区。因长期以来乡村生产力水平十分低下，流动人口较少，经济不发达，乡村的产业结构以农业为中心，其他行业或部门都直接或间接地为农业服务或与农业生产有关，故认为乡村就是从事农业生产和农民聚居的地方，乡村经济与农业等同。因此，乡村是一个管理区域的概念，更侧重于强调该地区与城市地区之间的差异，包括自然的环境特征、血缘地缘维系的社会关系、欠发达的经济水平以及非工业化的产业特征等②。其主要人群是村民，他们并不一定从事农业生产，而是有多种经济来源。因此，乡村是社会生产力发展到一定阶段而产生的、相对独立的、具有特定的经济、社会和自然景观特点的地区综合体（图 1.13）。而山地乡村是集合了山地地区特殊的地理环境以及乡村规模、产业结构和经济特点的地区，是风景优美、有着浓厚地域特色景观、经济较为落后、发展相对缓慢的地区。

3）环境

环境指的是对某些物体进行围绕，并可以对其产生一定影响的外界事物，与之相对应的就是主体。主体与环境之间有着密切的关系，简单来说，主体发生的各种行为使围绕在其周围的外界事物不断地产生某种变化，反过来，这些变化也会对主体产生影响，也可以说，在人和环境

① 褚振伟．城市楔形绿地空间梯度特征与尺度推移研究［D］．郑州：河南农业大学，2010.

② 原广司．世界聚落的教示 100［M］．于天祎等译．北京：中国建筑工业出版社，2003.

图 1.12 国外乡村环境

图 1.13 我国乡村建设现状

的相互作用下，个体在不断地改变着环境，人们的各种行为、经验也被环境所改变。因此，不论主体还是环境，都是互相联系的[①]。

“环境”的范畴较为广泛，无论是从生态的角度或是景观的角度来看都有特殊的含义，除此之外，对于环境的理解也可从政治、经济、文化等多重的角度进行。建筑学领域研究的环境一般来说包括了自然环境以及人工环境，我们可以看到的山川、树木、河流等都属于这个范畴，其特点是人们可以亲身感受到、体验到。例如建筑环境，人们每天都在

① 相马一郎．环境心理学［M］．

建筑内外进行各种活动，时时刻刻都在与建筑空间接触，对建筑的内外空间、功能、形象都有概念上的认识，并对建筑所控制的空间范围有较清晰的界面。

对于环境的创造者和观赏者来说，环境的意义其实就是一种非功利性的精神反映，它具有特定的文化内涵，是基于某种缘由而产生的（图 1.14），涵意深邃的环境可以与人产生深层次的情感沟通，使人获得永久性的记忆。

4）建筑外环境

建筑外环境指的是建筑周围、建筑与建筑之间的环境，是以建筑构造空间的环境、从人的周围环境中进一步界定而形成的特定环境，它与建筑室内环境同是人类最基础的生存活动的环境，其形成涉及地理性、心理性、行为性等层面。建筑外环境是私密空间和公共空间的过渡空间，人们在此会感到比较随和，私密性既不受到破坏，公共性也能得到体现。

建筑外环境范围的大小是由建筑物的功能和特点决定的。建筑物周围的附属建筑、围墙、绿地、硬地、小广场、环境小品等，和建筑物一起构成外环境的基本部分（图 1.15、图 1.16）。

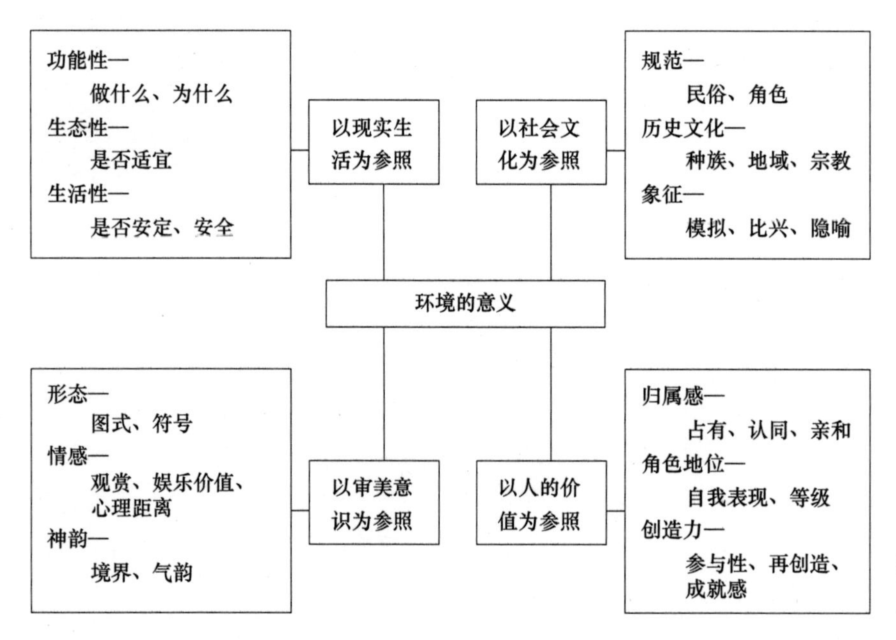

图 1.14　环境的意义图解

图1.15 建筑之间形成的外部空间环境

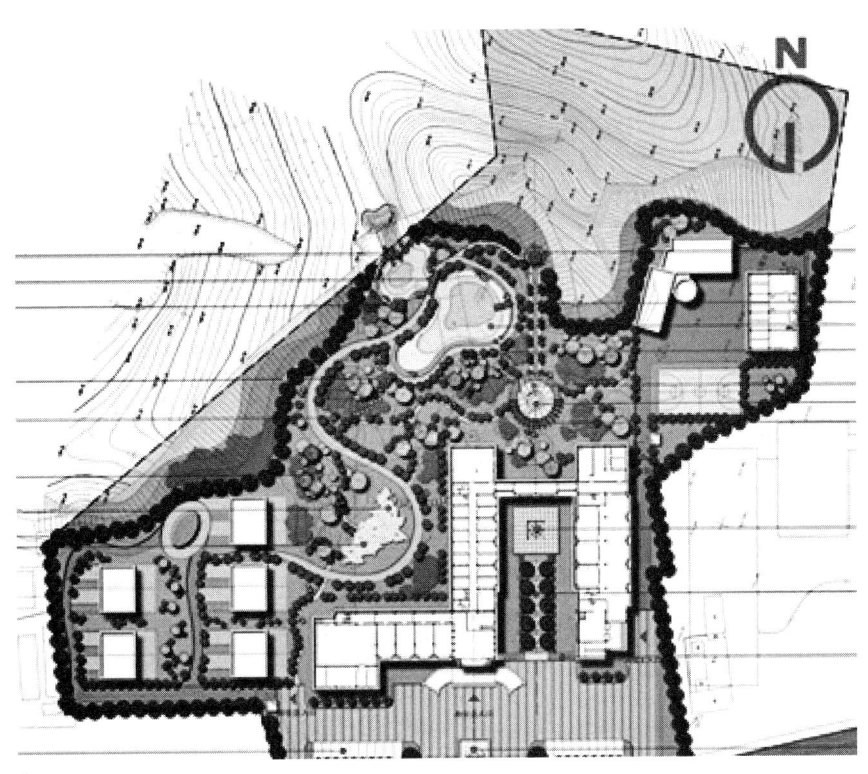

图 1.16 居住区建筑外环境设计

5）建筑外环境营建策略

“营建”是营造、兴建与建造，与环境营造概念类似。在乡村，建筑外环境营建主要是针对乡村建筑外部空间环境进行的，与广义环境营建相比，其范围更小且更具有针对性，侧重于物质层面的建设，具体包括乡村中各类场所空间环境、基础设施等的建设。

环境是人们赖以生存的基本条件，也是经济可持续发展和社会不断进步的基础。在西部山地乡村进行建筑外环境营建，其目标就是实现环境的可持续发展。因此，乡村建筑外环境的营建应遵循生态设计的相关原理，尊重自然、尊重文化。本研究遵循建筑外环境营建时应考虑的地方性、私密性、开放性、整体性、连续性、可识别性、需求性等设计原则，提出适宜的山地乡村建筑外环境营建策略，在此过程中关注“营”与“建”两面，即乡村外部空间环境营建初期的组织与中后期的设计及建造。

1.3 研究现状与启示

建筑外环境设计主要是关注自然资源的合理利用和对自然环境的保护，其思想起源于人类对自然环境认识的转变，是早期自然保护主义思想的产物，因此很多国家对于外环境的研究主要体现在环境保护上。

1.3.1 国外乡村建筑外环境研究进展

1）理论研究

20世纪初，在乡村经济由传统农业向现代农业转变过程中，西方一些发达国家针对现代乡村环境的规划与设计制定了一系列关于土地整理、自然保护、景观保护、历史古迹保护等法案，在经济发展的同时保护乡村建筑外环境，避免农业现代化和乡村城市化所带来的破坏。

这一时期，对于工业化带来的城市环境的日益恶化问题，西方的很多学者试图用各种办法进行解决。具有代表性的人物如霍华德（Ebenezer Howard）在1898年提出了“花园城市”理论[①]，为后来的很多城市规划设计者指引了方向，也为之后的工作奠定了基础，总的说来，其目标就是给居民创造更加舒适、方便的居住环境。

1972年，联合国在斯德哥尔摩召开了人类环境大会，在这次会议上，环境问题第一次被提出[②]。20世纪80年代，人们对于居住区的环境质量更为关注，除了重视物质条件的创造外，对住区的功能性及对居住在这里的人们的精神和心理影响也较为关注；1975年，美国弗吉尼亚工学院召开了主题为“受损生态系统的恢复”的会议，讨论生态恢复与重建问题，提出了生态系统恢复的初步设想；1980年，Caims主编*The Recovery Process in Damaged Ecosystem*一书，从不同角度探讨了生态系统恢复过程中生态学理论和应用问题[③]；1981年，国际建筑师协会第14届大会发表了《华沙宣言》，对于“人类—建筑—环境”之间的问题进行了讨论，并指出建筑师、规划师应当承担起责任；1985年，美国学者Aber和Jordan提出了“恢复生态学”，此后作为生态学的分支学科逐渐发展起来。至此，与之相关的环境、生态、景观等问题的研究与实践蓬勃开展[④]。

2）实践研究

从20世纪90年代开始，对于居住环境中的健康、安全问题，西方的很多发达国家进行了深入的研究和实践。对于城市及乡村来说，其建设的核心就是创造健康舒适的居住环境，但是，健康舒适的居住环境不是利用高新技术，而是利用现有的技术以及材料进行有益健康的设计而实现的，而这个目标需要通过对建筑外环境的合理设计，使之与自然环境相协调才能实现。

1.3.2 国内乡村建筑外环境研究进展

1）理论研究

从20世纪60年代开始，针对人与环境的问题，国内逐渐出现了一些更为全面的思想。研究的关键是对人与环境及各种生态问题的综合讨

① 霍华德．明日的田园城市［M］．金经元译．北京：商务印书馆，2010.
② 自然之友．20世纪环境警示录［M］．北京：华夏出版社，2001.
③ 赵晓英，孙成权．恢复生态学及其发展［J］．地球科学进展，1998.
④ 张光富．恢复生态学研究历史［J］．安徽师范大学学报，2000.

论，主要集中在地理学、建筑学、规划学及风景园林学领域，包括乡村民居更新及其模式研究、山地地区居住环境营建、乡村人居环境提升等。

著名规划学家黄光宇教授对我国的山地城市规划研究作出了突出贡献，其《山地城市学原理》一书论述的就是山地城市的规划设计理论及原理，其内容包括山地城市的选址、整体规划、建筑单体设计、道路交通等；中国科学院、住房和城乡建设部山地城镇与区域环境研究中心致力于研究和探索中国山地城市的空间发展模式，同时在多座山地城市进行了规划设计实践，总结出了多种模型，并对其生态特征、可实施性进行了讨论；中国科学院成都山地灾害与环境研究所陈国阶研究员在《中国山区发展报告：中国山区聚落研究》一书中对我国的山区发展与山区聚落的发展进行了分析，指出了山区聚落存在的问题及未来可能的发展方向，为山地乡村建筑外环境的研究奠定了基础。

清华大学单德启教授长期从事地区主义建筑和当代乡土人居环境的研究。其设计实践主要考虑地域因素的影响，发掘和创造具有地域特色的空间环境；杨晚生在《建筑环境学》一书中从建筑技术的角度对建筑内外热湿环境、建筑声环境、建筑光环境、建筑室内空气品质以及绿色建筑环境控制技术等问题展开系统讨论，对于建筑外环境设计也起到了一定的指导作用。

对于人居环境科学理论的研究，国内最具代表性的是吴良镛先生，他在20世纪90年代初期提出建立“人居环境科学”，主要是针对城乡建设过程中出现的一些实际问题，要求建立一个以“人与自然协调发展，以居住环境为核心的”学科群[①]。

国内各高校的相关研究成果包括一些硕博论文：《黄土高原小流域人居生态单元及安全模式》（西安建筑科技大学博士论文，刘晖，2005）；《城市化进程中乡村景观变迁研究》（南京师范大学博士论文，周心琴，2006）；《黄河晋陕沿岸历史城市人居环境营造研究》（西安建筑科技大学博士论文，王树声，2006）；《城市景观再生设计的理论及策略研究》（西安建筑科技大学博士论文，刘福智，2009）；《安顺屯堡建筑环境景观研究》（武汉理工大学博士论文，耿虹，2009）等；《当代城镇化背景下陕西关中地区乡村建设与传统建筑环境支撑研究》（西安

① 吴良镛．探索人与自然相协调的人类聚居环境［J］．科学世界，2001.

建筑科技大学博士论文，朱海声，2014）；《基于可持续发展观的雷州半岛乡村传统聚落人居环境研究》（华南理工大学博士论文，史靖塬，2015）；《重庆乡村人居环境规划的生态适应性研究》（重庆大学博士论文，史靖塬，2018）。

2）实践研究

受到西方发展乡村运动的影响，乡村环境随着乡村规划理论的出现也发生了很大的变化。从20世纪20年代起我国就掀起了发展、振兴乡村聚落的运动，乡村建设虽然有了一些进步，但结果都不太理想。近些年，全国各地都开展了乡村环境的治理、整治运动，包括住宅的更新、基础设施和公共服务设施的改善，其目的就是在提高乡村居民生活条件的同时保护生态环境。

从现阶段对于乡村环境与乡村规划成果汇总的书籍中可以了解到，全国各地乡村建设包括了山地民族文化的旅游型村落、少数民族村落、平原地区村落的设计实践，例如：北京市平谷区甘营村的整治规划、北京市怀柔区怀柔镇甘涧峪村村庄规划、辽宁省沈阳市方巾牛村整治规划、浙江省绍兴县杨汛桥镇展望村整治规划、浙江省永嘉县岩上村旧村整治规划、浙江省慈溪市振兴村整治规划、江西省高安市上保蔡家村整治规划、四川省邛崃市鹤鸣社区整治规划、云南省新平彝族傣族自治县“大槟榔园”花腰傣民族文化生态旅游村改造规划等。从这些成功的设计实践来看，乡村规划设计应当因地制宜、突出特色，这样才会呈现出独特的外部空间环境。

1.3.3 乡村建筑外环境研究思路启示

从国内外对于乡村环境的研究中发现：对于建筑外环境的研究主要集中在城市或少数平原乡村，而城市和乡村由于建筑形式的不同导致了建筑外环境界定范围的差异，尤其是在山地乡村。山地乡村规模小、相对封闭以及对当地食物和能源的高度依赖性等特点，使得现有的理论和设计方法在指导乡村建筑外环境时具有局限性；当前对于建筑外环境的研究已经出现了一些成果，但对于乡村建筑外环境的研究多数限于论文阶段，出版书籍较少，在有限的书籍及出版物中，大多数都在关注自然因素、社会因素的影响下，乡村建筑外环境中的景观分析以及乡村环境的保护研究，乡村外环境具体营建措施较少。

因此，本书研究是在了解山地乡村的基础上对山地乡村建筑外环境进行综合讨论，包括西部地区及山地地区的气候特征，山地乡村与平原乡村的区别，建筑外部空间环境中对于建筑室内环境的影响因素等，将地理学、生态学、技术学、环境学等学科贯通起来，对山地乡村的建筑外环境营建进行深入、细致的探讨。

1.4 本章小结

本章对我国西部乡村的建筑外环境现状进行描述，针对乡村外部空间环境中存在的一系列环境问题、生态破坏问题，提出在山地乡村进行外环境营建的重要性及必要性。通过了解国内外乡村建筑外环境的研究现状，在叙述国内外相关研究成果的基础上，通过实地调研深入山地乡村了解建筑外环境的营建情况，指出现阶段建筑外环境活动中的一些突出问题，提出了研究的主要内容，并对西部地区、山地地区、山地乡村、建筑外环境等相关概念进行叙述，明晰了乡村建筑外环境营建的内容与范围，旨在运用环境科学的理论和方法，在合理有效利用自然资源的同时，深入审视当今社会严重的环境污染、破坏根源以及危害，有计划地预防环境质量进一步恶化，从而促进人与环境的协调发展。

2

乡村建筑外环境研究理论基础及其发展

不论是在城市还是乡村，建筑外环境都可以作为整个大环境的一个节点，清楚地表达某种含义。中国传统社会的物质文化、制度文化和观念文化的创造发展都离不开农耕的社会生活基础，因此，人与环境、人与自然的关系问题始终是中国传统文化尤其是中国古代文化讨论的中心，是中国古代各个学派普遍关注和激烈争论的焦点，从而产生并发展出源远流长而丰富深刻的环境美学思想。

人与环境的关系不仅仅在于人类社会生于环境、长于环境，从外界环境中获取赖以生存的物质生活资料，而且在于人们寄情于环境、畅神于环境，要从外界环境中吸取美感，增进生活的情趣，求得情感的愉悦和审美的享受[①]。我国古代的环境观念以及有关环境方面的认识和理论，都体现了人、自然、文化之间的协调关系，体现着生态的机制，这对研究西部山地乡村建筑外环境营建有着一定的启迪。建筑外环境研究首先应该树立正确的环境观念，明确人与环境的关系问题。

2.1 乡村建筑外环境研究理论基础

2.1.1 传统的自然生态观

我国古代的环境状况比现在要好，其中一个重要原因就是很早就有了朴素的生态保护意识，认识了生物与环境之间相互依存的生态关系。从原始时期开始，中国人对环境美就形成了五大标准：背山（取其遮风、避水、防害）、临水（取其泄水快、取水易、交通利）、面南（利于通风、采光）、坐高（取其居高临下、视野开阔）、幽雅（取其美观与适于生活）。这种标准实际反映了中国古人对人、建筑与环境相互关系的朴素理解与运用。

人们的一切观念都产生于特定的社会历史文化，中华民族在长期的历史文化熏陶、感染下，其环境观具有民族特色。从《诗经・公刘》[②]

① 唐孝祥．试析传统建筑环境美学观［J］．华中建筑，2000.

② 诗经・公刘：
笃公刘，匪居匪康。乃埸乃疆，乃积乃仓；乃裹糇粮，于橐于囊。……
笃公刘，于胥斯原。既庶既繁，既顺乃宣，而无永叹。陟则在巘，复降在原。……
笃公刘，逝彼百泉。瞻彼溥原，乃陟南冈。乃觏于京，京师之野。于时处处，于时庐旅，于时言言，于时语语。
笃公刘，于京斯依。跄跄济济，俾筵俾几。既登乃依，乃造其曹。……
笃公刘，既溥既长。既景乃冈，相其阴阳，观其流泉。其军三单，度其隰原。彻田为粮，度其夕阳。豳居允荒。
笃公刘，于豳斯馆。涉渭为乱，取厉取锻，止基乃理。爰众爰有，夹其皇涧。溯其过涧。止旅乃密，芮鞫之即。

中对于古代乡村环境的描述可以看到当时对外环境的一些要求：（1）眼前土地要宽广，视野要开阔；（2）附近要有充足的水源；（3）要注意阴阳向背，背后最好靠近青山；（4）住址最好选在河溪的旁边或者两岸；（5）充分运用植物对居住区和生活区进行美化。这些要求基本就是后世遵循的环境美学的要求，也可以说，《诗经·公刘》中对于外环境的要求，既来自早期人类在长期实践中对外环境的感觉和体会，也为后世人们的环境美意识打下了基础。我国最早有关环境保护的记载见于《史记》，其中关于商汤爱鸟网开三面的故事，说明古人已经认识到，要想利用自然资源，尤其是生物资源，保持良好的生存环境，必须注意保护、合理开发，反对过度利用。尽管初时认识不明确，但逐步深化，不断完善，到宋代，已初步认识到生态平衡的问题①。

此外，我国自周代就有了较完善的环境保护机构及制度，加之中国人对祖先崇拜及几千年礼仪制度遵从的心理态势，使得这些古训和制度得到普遍的、严格的执行。上自国君诸侯，下至平民百姓，均以保护自然、爱护环境作为共同遵守的准则，实质上形成了一种历史文化环境观念：将人、自然、文化（礼仪、古训、法规等）看成一个相关的整体，这是传统伦理观念的具体体现。另外，我国古代的环境观、自然观及许多相关理论如风水相地学、“天人合一”的思想等，都为我们在今天的环境与景观规划中进行生态伦理问题研究提供了有益的启示。

“五亩之宅，树之以桑，五十者可以衣帛矣；鸡豚狗彘之畜，无失其时，七十者可以食肉矣；百亩之田，勿夺其时，数口之家可以无饥矣。”从《孟子·梁惠王》中的这段话，也可以约略看出一些关注环境的信息。

中国人的环境观是在认识世间的天、地、人、自然万物的基础之上建立的，以东方特有的文化、哲学理论和价值体系为参照构架形成，经过长期的发展，古代很多对环境的朴素认识形成了具有特色的东方环境观念，总的来看，包括以下几个方面：

1）“天人合一”的宇宙观

人类经过长期的聚集、劳动形成的风俗习惯一般具有民族性和地域性，在一些地区，由于人们特定的思维方式及一定的地理、气候条件，便形成了某些特定的观念形态。这些观念形态是人们长期认识自然和社

① 王金震．我国生态安全的环境行政法思考［D］．哈尔滨：东北林业大学，2007.

会的经验总结，反过来，又深深影响着人们的日常行为。原始时期生产力水平低下，人们只能顺应自然，崇尚自然，但先民们在此基础上，经过数千年的经验总结，提出了“天人合一”的思想，成为中国传统哲学思想的浓缩精华。

在中国古代思想史上，“天人合一”是一个基本的信念。“天人合一”思想认为天、地、人是密不可分的整体，是一个“存在”的连续体。强调人要顺应“天道”，以自然为本，人类只有选择合适的自然环境，才有利于自身的生存和发展，人不能违背自然规律行事，而应该认识、把握自然规律，并加以运用。“天人合一”思想不仅表达了古人对自然的态度，且从根本上成就了中国古代的文化精神。

“天人感应”的理论基础是“天人合一”，古代认为“天道”和“人道”、“自然”和“人为”是合一的。“感应”指互相受对方影响而发生相应的变化，特指自然现象可以显示人世灾祥。汉儒董仲舒认为宇宙结构表现为由阴阳、四时、五行相配合而组成的神秘图示，自然运行的规律表现为阴阳二气和五行的有规律运动。董仲舒强调人世社会的道德原则和规范，他将人世间的一切纳入了宇宙自然运行的阴阳五行图示中，由此，人与天、人与人、人与物交融成一个相互感应的整体（图 2.1）。

在我国古代，探索人和环境的关系深受我国传统哲学的影响，它注重把握人和自然之间的相生互补关系，讲求的是建筑环境和自然环境的结合，追求的是自然美和人文美的和谐统一，讲求人的心理和环境的实用功效，使人、天地、自然万物相辅相成、相生相克，通过“天人感应”达到“天人合一”的境界。

2）物我一体的自然观

自然观是人们对于生活于其中的可见的天然世界的认识。在我国古

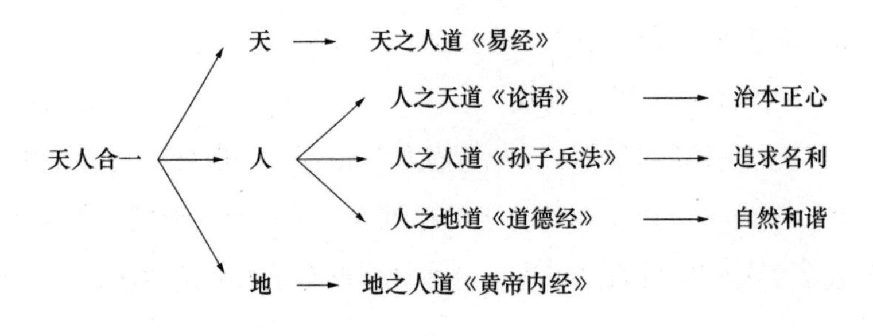

图2.1 “天人合一”内涵

代，人们就深悟“天可载之亦可覆之”的道理，懂得与大自然相安默契，悠然共处。“天然而，……以天言之，所以明其自然”，“道法自然”，“天地以自然运，圣人以自然用”，“自然者，道也”。中国传统文化中的自然包含了“自”和“然”两个部分，体现的是人类自身与周围世界的物质本体的关系，它将自然看作包围人类自身的物我一体的概念。在这种概念的作用下，自然与人处于同样层次与地位，这样一来，就为确立人与自然和谐关系的思想奠定了基础。

以中国的古典园林为例，虽然树木也经过修剪，但是却因为不露痕迹，表现出事物原来的特性以及规律，因此被认为是“自然”的，因此，中国古代对于人工环境的追求就是“虽由人作，宛自天开”。

3）奉行“五位四灵”的环境模式

对我国传统建筑活动影响较大的还有风水（又称堪舆）。风水观念的起源是当时人们对地景的崇拜，在中国古代，风水理论是用于指导环境规划的总体思想，它的基础是生态、生活、村落发展等需求及传统的哲学思想，在当时，风水师往往起着规划师的作用。

受风水观念的影响，中国古代住宅建筑注重与周边环境的融洽，强调物质世界和谐与精神感受舒畅的高度协调（图 2.2）。风水结合了建筑实践活动，吸收并融汇了古代自然科学、美学、宗教学、人类学、哲学等方面的众多智慧，探索人和环境的辩证关系，强调人和自然相生互补的关系，讲求人文环境和自然环境的结合。在我国古代，村落、民居、道观、祠堂、皇宫、园林的建造都受到风水的制约和指导。虽然风水在

图 2.2 风水观念影响下的乡村模式

某些方面夹杂着虚幻、迷信的成分，但从我国先民居住的环境观来看是有其积极合理成分的，对当代的规划设计也具有一定的参考价值。

“五位四灵”的环境模式是风水中的理想模式。“五位”指东、南、西、北、中五个方位，“四灵”指道家信奉的四方神灵，分别为青龙（左）、白虎（右）、朱雀（前）、玄武（后）。五位四灵的风水模式对传统建筑特别是汉民族的聚落选址产生了广泛而深刻的影响。在现今广东三水大旗头村（图 2.3）、安徽呈坎古村落（图 2.4）、安徽宏村（图 2.5）等中，五位四灵的环境模式仍清晰可辨[①]。

① 郭建川．建筑环境心理学与人居环境［J］．资源与人居环境，2005.

图 2.3　广东三水大旗头村落

图 2.4　安徽呈坎古村落

图 2.5　安徽宏村

4）阴阳有序的环境观

环境观指的是人们对于周围环境因素及其相互关系的认识。在我国古代，在天人合一宇宙观的指导下，人们通过对天地、日月、阴晴、昼夜等自然现象的观察，将其概括为阴阳等一系列既对立又相互转化的矛盾范畴，如“道生一，一生二，二生三，三生万物，万物负阴而抱阳，冲气以为和”。战国以后形成的《易传》将事物之间的相互关系概括为：“是故易有太极，是生两仪，两仪生四象，四象生八卦……”阴阳观念在不同的思想学派下获得了不断的发展，其对于环境的影响主要表现在强调环境中各要素之间的相互依存以及主次特点。

综上所述，我国传统的环境观受我国古代生态观、自然观的影响，其环境中的天、地、人之间的关系，如图 2.6 所示。

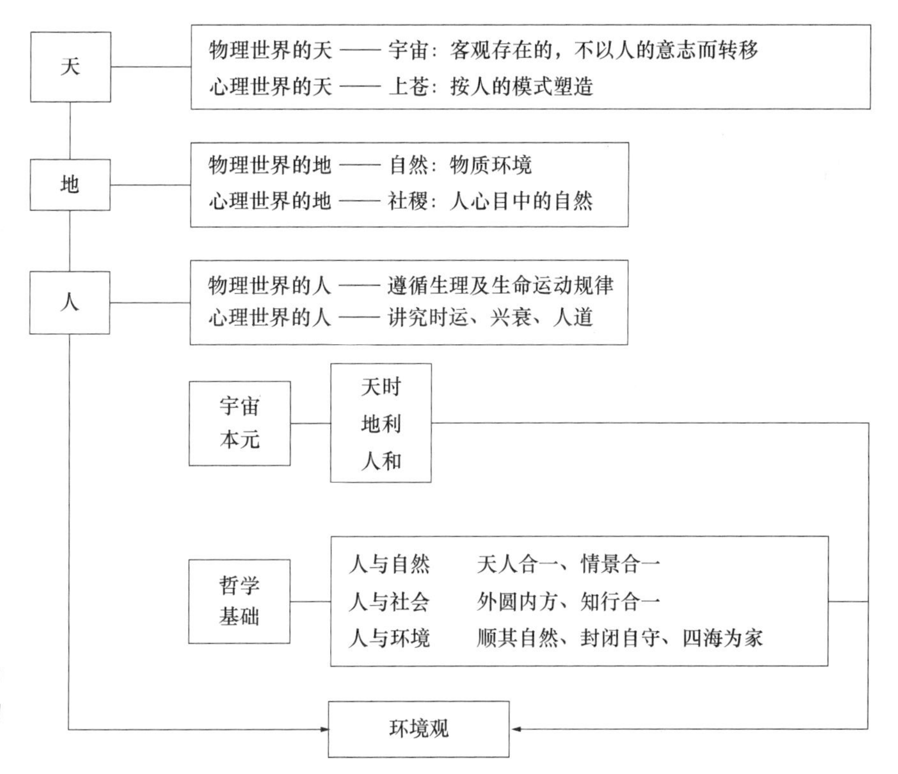

图 2.6　环境观中天、地、人之间的关系

2.1.2 环境生态学理论

我国古代产生的朴素生态观非常接近今天的生态学理论。生态学一词是在1865年由勒特（Reiter）合并了两个希腊文字logs（研究）和oikos（房屋、住所）而构成的[①]。1866年，德国动物学家赫克尔（Ernst Heinrich Haeckel）首次把生态学定义为“研究动物与其有机及无机环境之间相互关系的科学”，特别是动物与其他生物之间的有益和有害关系，从此揭开了生态学发展的序幕。经过多年的发展，生态学已成为“研究生物与其环境之间的相互关系的科学”，它有自己的研究对象、任务和方法，是一门比较完整、独立的学科。

生态学的发展大致可以分为三个阶段，依次为萌芽期、形成期与发展期。萌芽期是指古代人在长期的农牧渔猎生产活动中积累了较为朴素的生态知识的阶段，包括了解、总结农作物生长与季节、气候、土壤、水分之间的关系，熟悉常见的动物习性等；15世纪到20世纪40年代是生态学的形成期，在这一时期，许多学者通过科学考察积累了很多宏观生态学资料；19世纪初叶，现代生态学的轮廓开始出现，由于人们越来越关心农业、渔业和直接与人类健康相关的环境问题从而推动了农业生态学、动物种群生态学和水域生态学的研究，到20世纪30年代，出现了一些生态学著作，并提出了一些生态学的基本概念，例如食物链、生物量、生态系统等；20世纪50年代以来，由于生态学吸收了物理、数学、化学工程技术科学的研究成果，向更加精确的方向前进并形成了自己的理论体系。按照应用性来分，生态学可分为农业生态学、医学生态学、工业资源生态学、污染生态学（环境保护生态学）、城市生态学等。

跨入21世纪之际，生存环境不断恶化、资源匮乏问题加重等让我们意识到必须走可持续发展的道路。随着人类大规模的生产、改造活动，自然生态系统受到的干扰和破坏加剧，环境生态学应运而生。环境生态学（Environmental Ecology）是研究地球环境和生态关系的科学，是由环境科学和生态科学发展起来的一门交叉学科，研究环境、生物和人类社会相互作用及其可持续发展的机制是环境生态学的基本内容。简

① 杨持. 生态学[M]. 北京：高等教育出版社，2008.

单来说，它是运用生态学的原理，阐明人类对环境的影响以及解决这些问题的生态途径，它由生态学分支而来，但又不同于生态学。从长远观点来说，发展环境生态学是解决环境问题和实施可持续发展战略的根本。

英国牛津大学教授罗伯特 - 梅（R. May）进行的生态学基础理论研究，对公共卫生政策问题产生了深远影响；美国伊利诺伊大学博士 E. P. Odum 在 1953 年出版经典著作《生态学基础》（*Fundamentals of Ecology*）[①]对生态系统结构与功能、生态系统演替、生态系统服务等生态学重要问题进行了深入研究，开创了生态系统研究的热潮；之后又于 1997 年在《生态学：科学和社会的桥梁》一书中指出："生态学是一门联系生物、环境和人类社会有关可持续发展的系统科学。" 他提出人类要发展进步，要做到可持续发展，就需要很好地协调人类社会发展与环境生态之间的关系，提高人们的环境生态保护意识。

在我国，环境生态学研究的重点是环境污染的综合治理以及自然资源的保护和利用，其目的是不断改善我们的生存环境。我国环境生态学家金鉴明院士提出：生态存在于各个领域，我们讲发展，一定要讲究生物多样性、发展的可持续性和各个领域的生态性。南开大学环境科学与工程学院周启星教授提出：希望通过对环境生物技术的研究，包括环境修复、环境污染治理、废弃物循环再生利用等，达到经济、社会、环境的协调发展以及人与自然的和谐相处，换句话说，就是实现对"完美环境"的追求。

近几年来，乡村的经济开发、旅游开发对乡村的整体环境有了不同程度的破坏，同时，乡村整体规划中现代化因素与其整体风貌不能良好协调导致村落风貌破坏，因此，在环境生态学的大背景下，"乡村生态环境""农村生态环境""村落生态系统"等概念相继出现，其目的是加强乡村的生态环境建设，加强村民的环境保护意识以及乡村环境管理体系。

① 1953 年，Odum 出版了《生态学基础》一书，该书的出版使生态学研究逐渐重视对生态系统的研究，对当时生态学界产生了巨大影响。

2.1.3 环境伦理学理论

伦理学是哲学的一个分支学科。伦理原本指的是人与人之间的道德关系，伦理学即以道德现象为研究对象，不仅包括道德意识现象（如个人的道德情感等），而且包括道德活动现象（如道德行为等）以及道德规范现象等，因此又称为道德学。伦理学将道德现象从人类活动中区分开来，探讨道德的本质、起源和发展，道德水平同物质生活水平之间的关系、道德的最高原则和道德评价的标准、道德规范体系、道德的教育和修养、人生的意义、人的价值和生活态度等问题。通俗地说，伦理学是围绕人与人、人与社会之间关系进行研究的知识。

近些年，随着人与自然环境关系的不断恶化，环境问题日益突出，人们不得不认真地考虑如何协调人与自然环境之间的关系，从而发展出了环境伦理学。环境伦理学又叫生态伦理学，是一门以"生态伦理"或"生态道德"为研究对象的应用伦理学，是介于伦理学与环境科学之间的综合性科学，主要解决的是人类和生存环境系统之间的矛盾——环境污染、破坏和恶化等问题。

作为一种全新的伦理学，环境伦理学的一个革命性的变革就在于，在强调人际平等、代际公平的同时，试图扩展伦理的范围，把人之外的自然存在物纳入伦理关怀的范围，用道德来调节人与自然的关系①。它是从伦理学的视角审视和研究人与自然的关系，其目的就是使人们把协调人与人的关系的伦理道德规范推展到协调人与自然的关系上，主动担当起人对自然的义务。"生态伦理"不仅要求人类将其道德关怀从社会延伸到非人的自然存在物或自然环境，而且呼吁人类把人与自然的关系确立为一种道德关系。

早在1864年，美国学者乔治・帕金・玛什（George Perkings Marsh）在《人与自然》一书中首次从伦理学的角度探讨了保护自然的问题；1923年，法国哲学家施韦兹发表论文《文明的哲学：文化与伦理学》强调了发展生态伦理学的重要性。1933年，英国哲学家A. 莱奥波尔德提出将伦理作为辅助手段来管理自然，将传统伦理学拓展到自然领域；1949年，他在《沙郡年鉴》一书中提出了一种"新伦理观"②，即"一种可以处理人与大地、人与大地上生长的动植物之间的关系的伦理观"，这种伦理观被称为"大地伦理学"，这里的"大地"就包括土壤、水、植物和动物，其实这就是早期生态系统的代名词。莱奥波尔德说："简

① 源自互联网：http://www.gmw.cn/01gmrb/2006-09/05/content_475089.htm.

② A. 莱奥波尔德．沙郡年鉴［M］．王铁铭译．桂林：广西师范大学出版社，2014.

单来说，大地伦理是要把人类在自然界中以征服者的面目出现的角色，变成这个自然界中平等的一员和公民，每个人都要把良心和义务扩大到关心和保护自然界……”其内容暗含着对自然界中每个成员的尊敬，也包括对这个共同体本身的尊敬。《沙郡年鉴》被公认为是第一部系统的生态伦理学著作，它的出版标志着生态伦理学正式成为一门相对独立的学科，此后，生态伦理问题在西方伦理学界便成了研究的热点。1985年，美国学者蒂洛（Jacques Thiroux）指出：“自然道德是指人与自然界的关系，自然道德在一切原始文化，如美洲印第安等文化中，以及在远东文化中都很盛行，近年来，西方传统开始认识到以道德的方式对待自然界的重要性。”苏联哲学博士基塔连科也指出：“自然界的状况，成为社会自觉关心的对象，它仍然是一种手段，但同时又成为一种目的，因此，社会对自然界的态度具有道德意义。”

从20世纪50年代开始，我国对于环境伦理学的研究日趋活跃并逐渐完善，国内研究环境伦理学的学者如哈尔滨工业大学的叶平教授，著有《生态伦理学》（1994）、《环境革命与生态伦理》（1995）、《道德自然：生态智慧与理念》（2001）、《回归自然》（2002）等；湖南师范大学李培超教授，出版了《环境伦理》《自然与人文的和解——生态伦理学的新视野》《自然的伦理尊严》等；湖南师范大学刘湘溶教授出版有《生态伦理学》《生态意识论》《生态文明论》《走向明天的选择》《人与自然的道德话语——环境伦理学的进展与反思》《生态文明——可持续发展的必由之路》等著作。这些著作普遍认为：所有污染环境、破坏生态的行为都是不道德的，而保护环境则是新的道德风尚，人类有义务尊重生态系统平衡。总的来看，我国环境伦理学的研究是借鉴了西方理论才开始的，它传承了中国传统的环境伦理智慧，重视本土化的诉求，使中国的环境伦理扎根本土、融入本土文化、契合民众的价值心理[①]，因此，我国环境伦理学对传统文化的环境伦理智慧进行了深入的发掘和系统的整理。

在乡村的发展进程中，人们对建筑环境以及村落环境的保护一方面是传统伦理道德观念下的自觉行为，另一方面也受法律的制约，而这种道德伦理观念影响下的保护，其作用要远远大于强制性的约束行为。因此在对环境保护及再生的研究中，环境伦理学越来越受到人们的关注。

① 赵霞．乡村文化的秩序转型与价值重建［D］．石家庄：河北师范大学，2012.

2.1.4 地景学理论

"Landscape Architecture" 这个词被翻译为风景园林、景观设计、造园、景园等，这些翻译其实都有一定的道理，但是都不全面。"Landscape" 其实就是 "land"（地）＋ "scape"（景），这里的 "地" 既有自然的意思，又有景观的（包括山、水等不同的地形地貌）、美学的（蕴含山水美学）含义；"景" 指的是景观（包括自然景观及人文景观）、风景园林及景观设计，因此 "Landscape Architecture" 用 "地景学" 来解释更加简洁而且内涵更加丰富，它包含了 "Land"（地）＋ "scape"（景）的基本要义及其相互关系，是对公共空间的营建[①]。

在地景学产生之前，一些国家对城市户外空间进行的建设，大多借鉴公园形式，试图将自然引入城市，多着眼于艺术景观和对自然美的欣赏。在融入生态学之后，希望创造出宜人的建筑环境，并认识到远离城市的 "大地景观"（包括荒地、湿地、名胜风景区等）的重要性，因此称之为环境美学。

其实，从有了人类社会，美就开始萌芽，继而产生、发展。人类最初的美学思想萌芽于原始社会初期，人们在劳动中创造出最原始的艺术，如兽皮裹身，颈部挂着贝壳、兽齿，头上插满野鸡翎……随着生产力、生产方式、科学、艺术的发展，美学思想逐步明晰化、理论化，进而衍生出哲学美学、艺术美学、心理学美学、技术美学、生活美学等多种分支学科。

我国传统文化的类型属于农业社会文化，它既区别于游牧文化又区别于工业文化。在我国，物质、制度、观念等文化的基础即农耕文化，因此，人与自然、环境之间的问题始终是传统文化讨论的重点，环境美学的思想也基于此产生发展。

工业革命给我们创造了巨大的财富，但是却让人与环境建立的基础 "生物圈" 出现了可怕的断裂，自然环境的严重破坏，也给我们带来了巨大的灾难，解决的办法就是全世界范围的环境保护运动。随着环境保护运动的进行，人们对于环境的认识从功利性发展到了道德和审美，从最初的改造环境到保护环境再到美化环境，最终提出了环境美学。环境

① 吴良镛. 人居环境科学导论［M］. 北京：中国建筑工业出版社，2005.

美学的出现是对传统美学研究领域的扩展，意味着一种新的以环境为中心的美学理论的诞生。环境美学主要研究的对象是人类生存环境的审美要求，环境美感对于人的生理以及心理作用，进而探讨这种作用对于人们身体健康和工作效率的影响。

近些年，地景学有了较快的发展，其根本原因就是由于全世界范围内人口的增加、城市化进程的加速所导致的自然系统脆弱、土地资源紧缺、环境质量下降，其研究的主要内容是人工工程建设中如何去结合自然、因借自然等。地景学的研究所涉及的学科较多，主要包括声学、色彩学、化学、生理学、心理学、生态学、造林与园艺、建筑学及城乡规划等许多学科，其面临的主要任务就是既要让周围的环境能长远地为人们及至一切生物提供清新的空气，又要为人们提供一个优美舒适的环境，目的就是使人们心情愉快①。

为了解决当前城市以及乡村环境中普遍存在的问题，在环境营建的过程中要有意识地加强区域的生态连接，扩大自然生境的领域范围，维持生物的多样性，即“重视生态因素的整体规划”，提高区域的环境质量，这也是地景学的核心内容。

山地乡村的自然生态是由地形地貌、气候、土壤、植被、湖泊、动物等构成的生物群落与环境关系的系统形态，是人们在生产、劳动过程中利用自然、尊重自然并与之和谐共生的结果。乡村建筑外环境营建目标是实现乡村环境的“宜居、利居及乐居”，一个好的乡村建筑外环境的评判标准应包含美学及生态学等多个方面的评价。因此，在乡村建筑外环境的营建过程中，我们可以参考古希腊毕达哥拉斯学派的“美在于数的比例与和谐”的思想，将环境打造成景观，在展现乡村美好环境的同时考虑对乡村自然生态的有效保护、合理利用，体现可持续发展理念。

2.1.5 人居环境科学理论

希腊建筑师和城镇规划师道萨迪亚斯在第二次世界大战之后提出了“人居环境科学”的概念，创立了“人类集聚学”。它是一门以乡村、集镇、城市等在内的所有人类聚居为研究对象的科学，重点研究人与环

① 陈望衡．环境美学［M］．武汉：武汉大学出版社，2007.

境之间的关系，从政治、经济、文化、技术科学等方面全面地、系统地对人类聚居群落进行综合性分析，其目的就是了解并掌握人类聚居从出现到发展的规律，以创造更好的人类聚居环境。道萨迪亚斯认为人类聚居由内容（人及社会）和容器（有形的聚落及其周围环境）两部分组成；它们可继续细分为五种元素，即所谓的人类聚居的五种基本要素[①]：

（1）自然：指整体自然环境，是聚居产生并发挥功能的基础；

（2）人类：指作为个体的聚居者；

（3）社会：指人类相互交往的体系；

（4）建筑：指为人类及其功能和活动提供庇护的所有构筑物；

（5）支撑网络：指所有人工或自然的联系系统，其服务于聚落并将聚落联为整体，如道路、供水和排水系统、发电和输电设施、通信设备，以及经济、法律、教育和行政体系等。

人类聚居实际上指的是我们的生活系统。它包括了各种类型的聚落，从简单的遮蔽物到巨大的城市，从一个村庄到城镇的建成区再到人们获取木材的森林，从聚落本身到其跨越陆地和水域的联系系统。由于我们无法以一种比较简单的方式来识别生活系统，所以可视其为人类聚居的系统，以形象地反映我们的生活。

国内人居环境理论研究的代表性人物是吴良镛先生，他在《人居环境科学导论》一书中，提出了“以建筑、地境、规划三位一体为核心”构建人居环境科学体系的学科建设思想。自此，人居环境研究逐渐发展成为我国建筑学和城市规划领域的一种重要学术思潮，其研究涉及城市规划学、社会学、地理学等多个方面，强调将人类聚居看作一个整体，逐渐了解、掌握人类聚居发生、发展的客观规律，建设可持续发展的人居环境。

人居环境的发展演化过程为，从最早的自然环境到人工环境，从次一级的人工环境到高一级的人工环境；人居环境体系层次的发展过程为散居村——镇——城市，这其实也是人口规模的发展变化过程。近几年来，随着乡村人居环境治理力度的加大，乡村面貌发生了巨大变化，基础设施不断改善，乡村居民改善生存环境的热情逐渐高涨，但由于乡村规划建设中规范化、制度化建设的滞后，很多村落布局散乱，建设用地

① 徐震．小型聚落的人态和谐分析［D］. 合肥：合肥工业大学，2003.

（a）新民居形式

（b）传统民居形式

图 2.7　乡村中的新民居和传统民居

粗放，山地乡村规划的实施状况不容乐观（图 2.7）。因此，应当全面理性剖析当前山地乡村建设中存在的问题及其产生根源，有针对性地确立符合乡村生态文明要求的规划建设原则。

2.1.6　生态适应性规划理念

生态适应性规划理念主要是针对我国当前的环境问题，特别是针对特殊区域环境规划而提出的。与传统规划理念不同，它从生态适应性这一角度来探索区域规划的方法，将可持续发展的概念渗透在规划过程中，以平衡规划过程中人与区域环境之间的关系，解决环境与人之间的矛盾。这一理念通过多种技术手段调整区域的建设形式，不断满足人们的行为及心理需求，使区域环境更适应人们的居住和发展，实现区域环境的有机运转。例如，在区域内资源及土地的合理有效利用、区域环境的保护及综合治理等方面都可以体现可持续发展的观念。

现阶段，我国很多学者都提出了生态适应性的规划理念。徐坚针对城市中的各类环境要素，结合城市的发展现状，提出了生态适应性的城市规划方法，使得规划的成果形成对环境的生态适应性；黄国洋遵循传统的“设计结合自然”的思想，采取“自然为本，科技为辅”的规划模式，进行了低投入、高适应性的生态社区实践探索，提出了“生态五行法”等。从现有的生态适应性规划研究中可以看出，当前学者们的研究主要集中在规划过程对于自然环境特征的适应、在区域空间要素分析基础上进行生态适应性规划方法研究等方面。

我国山地地区地域宽广，区域内乡村数量众多且自然环境复杂，很多乡村的环境具有特殊性，因此，区域内的乡村规划应从适应性角度来考虑，现有的生态适应性理念可以为区域内乡村规划工作提供理论基础。针对西部山地乡村规划层面存在的突出问题，结合生态适应性规划理念，重点研究人与自然协调发展状态下的居住环境。在区域内的环境营建过程中，结合柔性规划的方法使得规划成果具有灵活的适应性，同时，也可以通过有效路径来调整各类规划要素适应环境变化的属性，无论是内部环境还是外部环境①。

2.2 乡村建筑外环境发展中的突出问题

乡村不仅是我国社会结构的基本细胞，也是我国大部分人口的主要聚居地，各地乡村受地形、地理位置、气候、经济情况、地域文化、日常习惯以及思想观念等各方面的影响，形成了独特的地方文化和生活方式。

乡村建筑外环境空间是乡村聚落空间的一个重要组成部分，对于村落的整体布局、局部环境特色以及村落的生态环境起到很大的影响作用。乡村的环境从表面看来朴素简单，但是乡村独特的景观特色，丰富多彩的外部空间都是在“因地制宜”“因材致用”的原则下，经过漫长的发展过程形成的。

根据马斯洛的需求层次理论，人类首先要解决的是基本的生存和安全问题。因此，原始时期人们为了躲避野兽、防寒避暑、躲避风雨，就建造了最原始、最简单的居住地，以便更好地生活，这一时期的居

① 徐坚．山地城镇生态适应性城市设计［M］．北京：中国建筑工业出版社，2008.

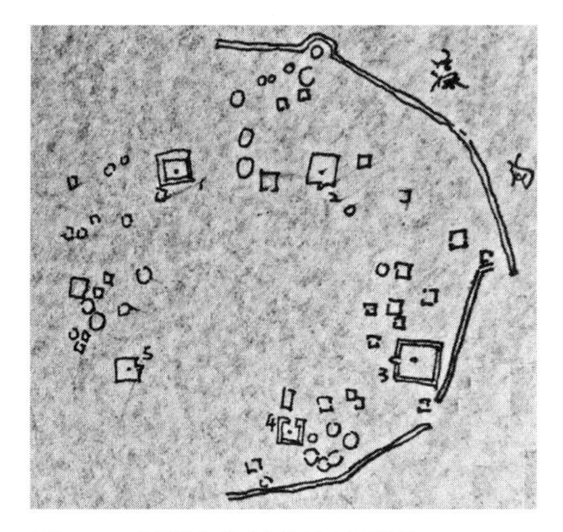

图 2.8　仰韶文化村落遗址平面

住以一定的血缘关系为纽带，被称之为“聚落”（图 2.8）。从形态上讲，聚落可分为乡村聚落和城市聚落两大部分，它是人们居住、生活、生产以及各种社会活动的场所，乡村聚落最大的外部空间特点就是能够体现与自然地理环境之间的关系。史前时代，人类的居住地不是定居式的，因此，当时的聚落也是流动的，是以家族为单位的散居形式，当时的人们学会了制造简单的工具，因此，巢居、穴居相对密集，也就形成了最早期的村落。

图 2.9　人们理想的生活环境

随着生产力的发展，科学技术的进步以及生活要求越来越高，人们逐渐改变穴居野处而转为定居，居住条件也有了很大的进步，人们建立了半永久和永久的房屋，村落条件有了很大的改善，经济慢慢实现了自给，所谓“上古穴居而野处，后世圣人易之以宫室，上栋下宇，以待风雨”。为了防止其他聚落的抢占、侵袭及野兽的攻击，很多村落筑起了高大的墙垣。在社会不断发展的过程中，村落配套设施越来越全面，人们的居住形式在不断地发展，在解决了基本生存需要之后，人类要不断追求美的建筑，并使之与周围的外部环境相协调（图 2.9）。如《诗经》中就有很多对植物的描述以及村落绿化的记载：“昔我往矣，杨柳依依，今我来思，雨雪霏霏……”这是人们追求美好生活的表现，也是早期乡村环境朴素、自然的表现；“葛之覃兮，施于中谷，维叶萋萋。黄鸟于飞，集于灌木，其鸣喈喈”，描绘的也是我国古代非常美好的乡村风貌。

无论是在乡村还是在城市，建筑都是作为环境中心存在的。建筑的种类虽多，但是其功能基本是一致的，因为人们对于生活、生产、居住的环境条件和要求基本是一致的。当前城市的发展和乡村是相互联系的，因此，除改善城市的居住环境外，我们还应对乡村给予关注。自我国新农村建设、美丽乡村建设、乡村振兴等战略方针提出以来，全面加强乡村公共基础设施建设已成为工作的关键所在，其中，乡村建筑外环境营建就是乡村基础设施建设的重要环节。

根据建设的总体要求，着重关注乡村建筑外环境的改善，为乡村居民提供一个景观宜人、生态可持续发展的生活、生产环境具有重要的现实意义。然而，当前乡村外环境建设中存在较多问题，有关乡村建筑外环境营建方法的系统研究尚不多见，需要针对性的理论研究予以指导，同时由于我国各地乡村实际状况有着较大的区别，如何在实际建设中因地制宜，找到适合乡村建筑外环境的营建方法，对于建设者来说也是一次挑战[①]，这也要求建设者对乡村建筑外环境的现状有较为清晰的认识（图 2.10）。总体来看，当前乡村建筑外环境中存在的突出问题表现在以下几个方面：

1）土地利用不合理

我国乡村土地资源丰富，但因地理条件的限制，山地地形所占比重较大，大面积的平原耕地面积相对较少，因此，我国很多地区乡村民居都依据地势分散建造在山坡上。近几年乡村居民除了改造、建造房屋外，还对建筑周围的环境不断进行改造，以开辟更大的室外空间环境，满足日常生产、生活的需要。但是，从乡村土地利用情况来看，由于缺乏整体规划，乡村中布局分散零乱而且功能分区混乱的现象非常普遍。

① 程俊．乡村环境景观建设研究［J］．现代农业科技，2009.

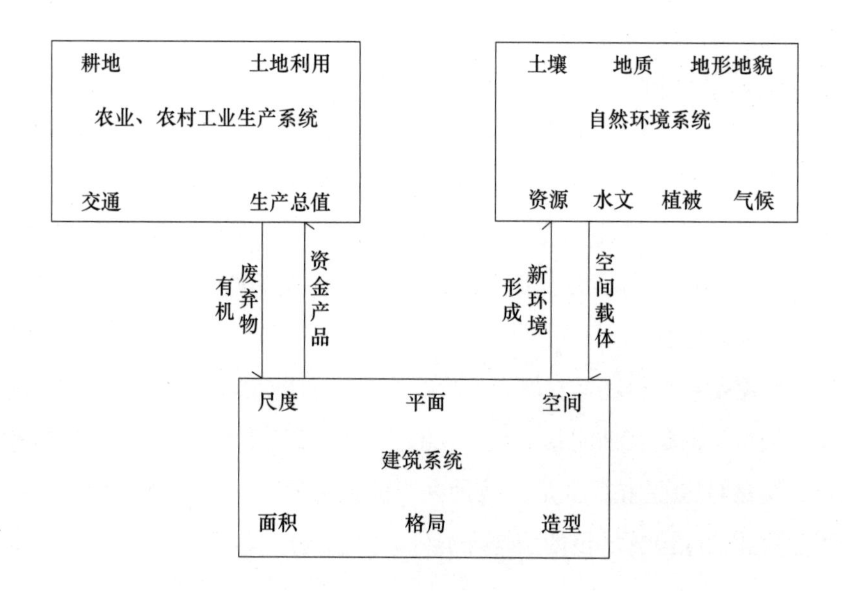

图 2.10　乡村中各系统之间的关系

2）环境之间缺乏交融

乡村居民在改造其生活环境的过程中，旧的环境不断被新的发展潮流所淹没，即便幸存也显得支离破碎，而新建的环境在取代旧的环境的同时又飞快地被时代的发展抛在后面。因此，乡村中新与旧、现实与将来之间存在着众多的矛盾，乡村中大量民居周围的外部空间环境处于一种不和谐的状态之中。

3）自然景观质量下降

自然景观指的是天然的很少受到人类活动干扰影响的原始景观，如极地、高山、荒漠、沼泽、热带雨林以及一些自然保护区等。我国西部地区地域辽阔，山地面积广阔，人口较为稀少，是我国经济欠发达且需要加强开发力度的地区。随着近几年乡村的不断发展，人们生活水平提高，乡村居民越来越向往城市居民的生活环境，不断进行外环境的改造。但在自然景观丰富的乡村进行外环境营建活动时，由于缺乏管理，乡村的自然景观质量不断下降。

4）忽视人们的精神需求

在建筑外环境设计领域，人们习惯将人工因素放在第一位，强调高度人工化来满足人的生存需求，忽略了对建筑外环境中自然因素的考虑。在物质环境的创造过程中，忽视了人们对于精神方面的需求，表面物质空间的膨胀并不能满足深层次的人类精神需求①。

2.3 乡村建筑外环境发展中的影响因素

从古至今，人类从没有放弃对理想生存环境的追求。任何一个民族、一种文化都有其独特的理想环境模式，当然这种理想模式也包含着全人类所共有的某些理想特征。环境艺术及园林审美活动是人们环境理想的具体体现，而理想环境模式的形式是与特定民族和文化的生态经验密不可分的，它是一种特殊的现实生活空间，它的发展何去何从，是目

① 邓孟仁．高层住区外环境的可持续发展研究［J］．华南理工大学学报，2002.

前城市化进程中人们所关注的问题，也是迫切需要解决的问题[①]。

一直以来，人类都在努力打造理想的生存、生活环境。不同地区、不同民族、不同文化背景的人们对理想环境的认知不同，因此就产生了多种理想模式。在乡村，我们现在看到的一些由居民自主创造的外部空间环境其实就是乡村居民理想中的环境的具体表现，而这种理想环境的形式与特定的民族和文化是分不开的。美好的环境理想在不同程度上指导着人们去选择、改造和创造自己生活空间的环境结构。

乡村外环境的发展受自然因素和社会因素的影响，因此在不同时期呈现出的特点不同。随着人类文明程度的不断提高，这两个影响因素也发生了明显的变化——人类文明发展程度越高，自然因素的影响程度就越低，社会因素的影响作用就越大，反之，人类文明发展程度越低，自然因素的影响程度就越高，社会因素的影响作用就越小。综合来看，现代乡村建筑外环境发展中的影响因素主要表现在以下几个方面：

1）政策法规及领导干部意识

在我国，涉及乡村建设的有关土地、规划、建设等方面的法律法规以及涉及乡村经济发展的有关政策、法规都对乡村环境的建设和发展有着很大的影响。从乡村环境的可持续发展来看，环境保护政策是乡村经济发展与环境保护之间的平衡木，在乡村建筑外环境的营建过程中应遵循这一政策。自改革开放以来，针对乡村环境的治理工作，我国相关环境政策的变化分为三个阶段：

乡村环境政策的初步调整时期（1978—1989）：自党的十一届三中全会以来，乡村环境政策的核心内容是优化乡村环境、推动农业可持续发展，并在我国的法律体系中提到了乡村资源环境的保护，乡村环境的管理朝着规范化的方向发展。

乡村环境政策的发展时期（1990—2004）：1993 年颁布的《中华人民共和国农业法》对农业发展中的环境保护问题做了明确规定，1998 年《中共中央关于农业和农村工作若干重大问题的决定》的颁布实施，使乡村环境政策内容得到了很大的完善。

乡村环境政策的深度调整时期（2005 年至今）：自 2005 年以来，我国的乡村环境政策进入深度调整时期，在这一时期，我国主要对乡村

① 石玉庆．城市化对乡村环境艺术的影响和冲击［J］．农业考古，2008.

环境保护的专项资金和乡村环境政策内容进行了调整，并修订了《中华人民共和国环境保护法》。2013年我国颁布的《关于全面深化改革若干重大问题的决定》中提到："生态文明的建设，必须要建立在系统完整的生态文明制度体系之上，在源头实行严格的保护制度、损害赔偿制度、责任追究制度，完善环境治理和生态修复制度，用制度做生态环境的保护伞。"这在一定程度上为乡村环境的治理提供了更加有力的制度保障；2014年修订的《中华人民共和国环境保护法》中增加了环境公益诉讼制度、责任主体的累计日处罚金制度、连带责任制度等内容，对生态环境的恶化及时止损，使《环保法》发挥了最大的效用[①]。此外，党的十九大报告中，将建设生态文明提升为"千年大计"，并将"美丽"纳入国家现代化目标之中，生态文明建设得到了持续重视。

总的来看，乡村建筑外环境的营建应当结合当地的实际情况，在法律、法规允许的范围内进行。同时，领导者的决策也会影响到乡村环境的建设与发展方向，这就需要领导者有超前的生态、环保、可持续发展的意识，而乡村居民也要大力配合，将这些意识落实到日常的行为当中。

2）生态规划与有机秩序理念

生态（Eco-）一词源于古希腊语，意思是指家（House）或者我们的环境。简单地说，生态就是指一切生物的生存状态，以及它们之间及其与环境之间环环相扣的关系。生态的产生最早也是从研究生物个体而开始的，现如今，"生态"一词涉及的范畴也越来越广，人们常常用"生态"来定义许多美好的事物，如健康的、美的、和谐的等事物均可冠以"生态"修饰，同时也产生了很多新的概念，如生态食品、生态文明、生态伦理、生态环境、生态产业等。

生态规划的指标包括：划分城市和乡村使用土地资源的合理比例；划分城市内工厂、道路和住宅的用地比例；划分乡村地区农田、园地、道路和住宅的用地比例；确定人口容量、资源使用、经济发展规模和生活设施的数量指标等。

在乡村建筑外环境营建过程中，生态规划要求根据本区域或本地的自然、经济、社会条件和污染等生态破坏状况，因地制宜地研究确定本

① 中华人民共和国环境保护法［M］．北京：中国法制出版社，2014.

地区的生态建设性状指标，以确保资源的开发利用不超过该地区的资源潜力，不降低它的使用效率，保证经济发展和人类生存活动适应于生态平衡，使自然环境不发生剧烈的破坏性的变动。例如：防止有害的废水、废物等土壤污染物在土壤表面的堆放和倾倒，以保证土壤能够为植物、农作物生长提供机械支撑能力，同时也能为植物、农作物的发育提供所需要的水、肥、气等肥力要素；保护生物的多样性，以免自然区域变得越来越小；保护森林面积，防止沙化，保护淡水资源，节约用水；防止过度开发，防止空气污染，保证人们的正常生活。

在进行外环境改造和营建时，应当采取各种行动对环境加以保护，逐步解决现实存在的或潜在的一些环境问题，以协调人类与环境的关系，从而实现有机秩序，因此，有机秩序的内涵与生态规划的内涵是一致的。

“有机秩序”这一概念由亚历山大（Christopher Alexander）提出，其定义为：“在局部需求和整体需求达到完美平衡时所获得的秩序。”从概念中提到的“完美平衡”的思想来看，我国传统乡村也具备这一有机秩序，具体体现在村落的整体格局、村落肌理、形成机制等多个层面。有机秩序是传统乡村环境的核心特征。

西方地理学家格拉肯（Clarence J. Glacken）指出：“在自然的概念中最引人注目的就是追求目的和秩序，基本上，这些有关秩序的观念可能和人类活动的许多外表形式的秩序性和目的性是类似的。例如：在大道上，在纵横交错的村镇街道中，在弯曲的小巷里，在花园或牧场上，在一个住宅的设计和对其邻宅的关系上，都有它的秩序性和目的性。”①

当前，乡村环境的有机秩序退化现象普遍存在，例如：乡村民居建筑盲目扎堆、超常规建造，打破了乡村民居之间原有的大小、方向、间距等相对均衡的状态；此外，乡村民居形制秩序异化现象较为突出，主要源自村民之间的相互攀比，由于缺乏组织管理造成了建造规模、体量及形式等特征的失控，乡村中混杂着各种城市现代建筑的形式，加重了乡村有机秩序的退化。因此，乡村建筑外环境的营建与可持续发展应有生态规划与有机秩序理念的指导。

① 郑妙丰．秩序的探究[J]．科技创新导报，2008.

3）经济保障

“前人种树后人乘凉，前人砍树后人遭殃。”从经济学角度来看，这句话描述的其实就是环境与经济之间的关系。对于环境与经济的问题，一些学者利用实证模型来论证经济增长本身就是解决环境问题的“万灵药”。Beckeman（1994）认为“对于大多数国家来说，要获得良好的环境的最好、最可能也是最唯一的方法就是变得富有。”[①]Bartlett（1996）指出：“现有的环境法规不仅减缓了经济的增长，而且实际上也许还会降低环境质量。”Grossman 和 Krueger（1991）对 42 个国家的面板数据进行分析后发现，环境污染与经济增长的长期关系呈倒 U 形：当经济处于低水平时，环境退化很少发生；当经济高速发展时，环境退化加剧；当经济达到高水平时，环境退化会逐步减少。大量的分析数据显示，这种倒 U 形曲线模型是相对的、有条件的，是部分成立的，因为环境退化不会随着经济水平的提高而自动消失。因此，要实现环境与经济的双赢需要走生态化的路线。

20 世纪 80 年代，德国学者胡伯提出了生态现代化理论，在这种理论的指导下，欧洲一些国家进行了实践，结果证明这个理论对追求经济效益、实现环境的友好有很大的帮助。生态现代化不是简单从环境污染治理入手，而是先对人进行特别考察，通过改变人的行为模式来改变经济和社会的发展模式，达到环境与经济互利双赢，人与自然互利共生的目的。20 世纪 90 年代以来，发达国家的经济增长迅速且持续增长，环境持续改善，经济和环境互利双赢的局面逐步形成，正是得益于这一理论的指引。

近年来，在国家政策、乡村发展和乡村居民自身需要等多重因素的推动下，我国大多数地区的乡村凭借自身的发展优势得到了快速发展。然而，很多山地地区的乡村受地理、经济等方面的制约，其村落环境建设发展速度相对滞后。在此背景下，乡村建筑外环境营造还需要结合我国乡村社会经济发展的具体情况进行深入分析，在寻求一定的经济保障的基础上，借鉴生态现代化理论，进行长期而艰苦卓绝的生态环境建设，直至和谐人居与社会经济发展的高度统一。

① 李峰．环境库兹涅兹曲线倒 U 型关系分析［J］．山西财经大学学报，2008.

2.4 本章小结

人们创造建筑外部空间环境，就是为了快乐、健康、舒适而又安全地工作、生产、生活。一个良好的空间环境可以调节人们的情绪以及情感，因此，人与环境是相互影响的关系：人创造了环境，独具特色的环境又可以使人产生不同的心理感受。

乡村是我国社会结构的重要组成部分，乡村建筑外环境营建关系到乡村建设的整体质量。本章对与乡村建筑外环境相关的理论进行了梳理，包括：我国传统的自然生态观、环境生态学、环境伦理学、地景学及人居环境科学等。结合我国乡村建设的实际状况，从乡村的土地利用、环境之间的交融、自然景观质量以及人们的精神需求等方面指出乡村建筑外环境营建中的突出问题，并从政策法规、生态规划、有机秩序理念及经济等方面讨论其对于乡村建筑外环境发展的影响，为营建理想的乡村建筑外环境提供基础。

3

西部山地乡村建筑外环境基本特征及其影响因子

我国是一个多山国家，山地面积约占陆地面积的70%，山地型乡村面积较为广泛[①]，大约有一半人生活在山地，尤其是西部的山地，“上风、上位”，位置非常重要，沙尘暴、水土流失等都与之有关，因此，山地的生态屏障作用意义重大。一般来说，山地型的乡村大多远离城市，与平原型的乡村有着较大的差别，且景观资源较为丰富，但是，目前的山地或者说山区，其实是地形上的隆起，经济上的低谷，山区经济总体发展水平严重滞后于全国平均发展水平，山区GDP仅为全国的30%左右，从某种意义上说，我们现在进行的“西部大开发”的重点就是西部山区的大开发。

在我国西部的很多山地地区，传统民居仍然大量存在且被使用着。单德启教授曾在中国民居第二次学术会上提出：“在我国，能够很好地体现出‘环境—人的价值观’是传统民居聚落最为宝贵的。”他指出：“传统民居聚落尽管在生态、形态和情态诸方面的认识和实践，诸如选址、保土理水以及整治环境和营建空间的许多处理手法，甚至很有意味的地方乡土建筑符号等等，对今天或多或少都有启发甚至可以借鉴，但它最宝贵的还是它所体现的中国乡土建筑文化的思想方法，和这种思想方法所必然导致的人与居住环境的价值观。”[②]

从建筑的发展历史来看，人类从最早建造简单的巢穴开始，就已经区分出了建筑内外两种不同的空间领域。自然空间到用于防卫、生活的室内空间的转变，其实就是建筑出现和不断发展的结果，从而也结束了人类自我暴露的历史。随着人类社会的不断发展，建筑空间从最初的满足人们的生存到体现综合性的人性空间，就是社会文明和历史发展的必然。当今社会，我们需要的不仅是舒适的室内环境，同时还需要有良好的室外环境来扩展我们的活动空间，虽然内外空间属于不同的领域，但是两者却是相互依托、相辅相成的。概括来说，在室内创造出的活动空间偏重功能性，而室外的空间环境较为广阔，不仅具有功能性且社会性较强，同时也创造出了丰富的自然景观及人文景观。

① 余建斌．科学审视这片土地．人民日报，2008.

② 单德启．论中国传统民居村寨集落的改造［J］．建筑学报，1992.

3.1 西部山地乡村建筑外环境的特征

我国幅员辽阔，地理环境多样复杂，各地区经济发展水平也大不相同，传统乡村建设中村落选址、规模、布局等都是在顺应自然的前提下实现的，也是在人与自然的持续和谐与适应中逐步形成的。因此，西部山地乡村的建筑外环境营建应顺应当地的地理、气候特征，结合山地乡村外部空间环境的特征因素，形成符合西部山地乡村发展需求的建筑外环境。

3.1.1 西部山地乡村气候特征

1）西部气候特征

我国西部地区气候类型复杂多样，以干旱和高寒气候为主。西部跨越7个纬度气候带，又有其特殊地质背景，使气候的水平和垂直分异都得到充分的表现，形成了类型多样而且差异极大的气候特点①：西南地区年平均温度大多在10℃以上，西北干旱区除塔里木盆地中心高于10℃外，其余地区均在10℃以下，青藏高原在0℃以下；西南地区气候温和、降水丰沛，年平均降水量在1098mm以上，是西北地区（154mm）的7倍，为我国大陆降雨量最大的地区。而西北地区干旱少雨，四分之三的地区属于干旱、半干旱区，是我国水资源最短缺、河川径流最贫乏的地区②。

2）山地气候特征

在我国，很多地方是起伏不平的山地和丘陵，这些地区除了受到纬度的影响外，还会因山的高度、大小、坡度等种种因素而具有独特的气候状态，我们称之为山地气候。山地气候十分复杂，兼有多种气候类型，主要有以下几个特征：

（1）在晴空条件下，在没有雪覆盖的高山上太阳直接的辐射强度和夜间有效的辐射强度会随海拔的升高而增加。

（2）气温会随着海拔的增加而降低。一般来说，气温的垂直递减率在一年中夏季最大，冬季最小。海拔每上升100m，夏季温度会降低0.5～

① 施雅风．气候变化对西北华北水资源的影响［M］．济南：山东科学技术出版社，1995.

② 张军民．中国西部气候特点及其变化浅析［J］．兵团教育学院学报，2006.

0.7℃，冬季会降低0.3～0.5℃，但是，山顶和山坡的年变化较小。

（3）降水量及降水日会随着海拔的增加而增加。到了一定高度，由于气流中水汽含量减少，降水量又会随高度的增加而减少；山地地形对降雨量的日变化也会起到一定的影响作用，一般来说，山顶上日雨多，而山谷盆地则以夜雨为主。

（4）随着山地海拔的不断升高，风速也会不断增加。在高山地区，风速一般夜间较大，白天较小，午后最小。

（5）水汽压会随着海拔的增加而降低，因此，在一般情况下，海拔较高的山地地区容易产生云、雾，空气相对潮湿。

3.1.2 西部山地乡村空间特征

乡村的各类空间是乡村居民各种活动所引起的空间发展的外在表现，是乡村中各种要素共同作用下的外在表象。乡村的建筑外环境包括乡村聚落空间、乡村生态空间、乡村基础设施网络空间和乡村社会服务空间、乡村公共活动空间等物质空间，以及乡村产业与经济空间、乡村社会组织空间、乡村文化空间等非物质空间。

山地乡村聚落空间的分布受地形条件限制，区域用地分散，可集中利用的土地面积较小，不利于聚落的形成，因此，山地乡村聚落分布呈大分散、小集中的特点。加上我国区域经济发展不平衡，不仅存在着东部、中部、西部三大地带的发展差异，且山地、丘陵和平原之间存在着较明显的差异；相对于平原地区来说，山地地区经济发展较为落后，特别是山地乡村。此外，由于对自然环境的高度依赖，山地乡村陷入“人口增加——耕地扩张——生态环境退化”的非良性循环[①]。因此，针对山地乡村建筑外环境的研究应当是在对山地乡村的构成要素及山地乡村的基本特征认识的基础上进行的，整体来看，西部山地乡村的空间特征可以从以下几个方面来认识。

1）地形地貌特征

我国西部地区地形以高原、山地和盆地为主，其中，山地最能表现其基本特征。山地地区乡村是区别于平原地区乡村的一个概念，主要是

① 陈国阶．中国山区发展报告：中国山区聚落研究［M］．

① 陈国阶．中国山区发展报告：中国山区聚落研究［M］．

从区域地貌上进行区分，但也有特殊情况。例如，在青藏高原这一典型的山地地区中也有一些乡被划分为平原乡，一些山间的盆地也具有平原的特征，所以说，划分是相对的[①]。但从地貌上来看，山地乡村和平原乡村特点是截然不同的，相比较来说，山地乡村海拔高、坡度大，因此山地乡村的空间环境就出现了明显的差异（表 3.1）。

2）资源构成特点

西部山地地区特殊的地理环境和复杂的生态系统特征，决定了山地资源的独特性和生物多样性。因此，山地乡村与平原乡村的资源构成及利用不同。

山地乡村与平原乡村特征比较 **表 3.1**

	山地乡村	平原乡村
生态环境特征	生态系统复杂，兼有森林生态、草地生态、农田生态等多种类型	生态系统单一，以农田林网构成的人工生态系统为主
自然环境	地貌复杂，有高山、中山、低山、峡谷、高原等，海拔高、立体气候明显；土层瘠薄；界限模糊	地貌和气候单一，土层深厚；边界清楚
土地结构	农耕地比重低、坡度大、分散零碎、复种指数低；林地和牧草地比重大，未利用、难利用土地面积比例高；非农用地面积小	以农耕地为主，分布集中成片、复种指数高；林地面积小，多为四旁林、农田林网；非农用地面积大且增长趋势明显
资源权属	土地权属复杂，国有林地（草地）和集体林地（草地）并存于聚落边界内，林地林木产权复杂且模糊	集体土地、农户承包经营，耕地产权结构简单、明确
生产水平及经营方式	农业生产水平低，粗放经营、广种薄收、靠天吃饭；以乡土知识和传统技术为主，施用农家肥、堆肥等；农业生产条件差，有效灌溉耕地少，自然灾害对农业影响大；自给农业、生计农业特征明显；单家独户经营	农业生产水平高，精耕细作、稳产高产；化肥、农药和良种大量使用；设施农业发展快，农业市场化程度高，商品农产品比重大，农业技术先进；农业经营形式复杂
社会文化组织结构	通达性差，基础设施落后，相对封闭，乡土文化和传统知识厚重；人口民族属性复杂，文盲人口多；宗族、亲缘关系复杂；语系复杂；贫困人口多	通达性好，交通等基础设施好，社会经济系统开放程度高；以大众文化、主流文化为主；宗族、亲缘关系弱；贫困人口少
经济发展	经济发展水平低，收入结构较单一，以农业、牧业、林业为主，对传统自然资源的依存性明显，劳动力参与社会就业的程度低；非农产业发展水平低	经济发展水平高，收入构成多元化；产业收入比重高，非农自然资源约束微弱；劳动力流动广泛，社会劳动就业程度高
发展项目	以生态环境建设项目为主，天然林保护工程、退耕还林、退牧还草、自然保护区、小流域综合治理、水土保持等，项目外部效益好，社区资源利用受影响	经济和社会发展项目多，聚落社区群众受益；生态环境建设项目少，社区资源利用基本没有影响
自然灾害	自然灾害（滑坡、山崩、泥石流、水土流失、雪灾、霜冻、山洪等）威胁大，生存环境恶劣	自然灾害少，少量涝灾，基本旱涝保收
外部性	既有平原乡村环境外部性特征，更有山区资源不合理利用，通过山地物质输送对下游和平原地区社会经济发展的影响	外部性影响小，主要有垃圾污染、地下水污染、空气污染等

（1）山地乡村受地形的影响，土地利用结构多样，大多为林地、牧草地及土地，耕地面积较少；居民大多分散居住且占地面积较少。

（2）与平原乡村相比，山地乡村农业资源多样，生物种类繁多，一些地区还有大量待开发的矿产资源。

（3）山地乡村独特的分散性、封闭性特点，体现出山地乡村独特的文化特色，也使得很多独特的人文景观保留了下来，形成了具有地域特点、民族特点的古村落。

3）经济特征

与平原乡村相比，西部山地乡村的经济特征有明显的区别。

（1）山地乡村的生产、交换等活动属于小范围内的封闭、半封闭循环，因此山地乡村经济最大的特征就是自给半自给性，而且海拔越高，这种特征越明显。

（2）大多数的山地乡村的经济活动主要依托当地的自然资源，属于自然资源依托型经济[①]。

4）地方特征

山地乡村独特的“散、远、险”特征，使得乡村之间的交流较少，从而形成了“保守、排他”的文化特征[②]，故形成山地贫困文化并传承下来（图 3.1）；另一方面，山地的自然屏障作用，使山地又成为文化的冲突地和避难地，从而保护了大量具有特色的乡村文化。

① 陈国阶．中国山区发展报告：中国山区聚落研究［M］.

② 中科院成都山地灾害与环境研究所．山地学概论与中国山地研究［M］．成都：四川科学技术出版社，2000.

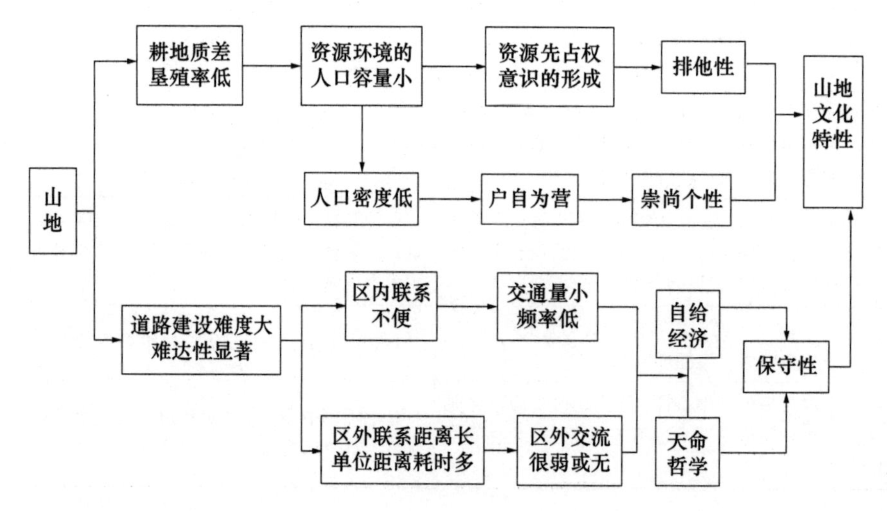

图 3.1　山地文化特征及其形成机制

3.1.3 西部山地乡村建筑外环境的特征

西部山地地区建筑外部空间环境主要局限于与人类生活关系最密切的聚落环境之中，包含地理学、心理学、行为学、社会学等各个层面。与建筑的内部空间环境相比，外部空间环境更具有复杂性、多元性、多义性、综合性和多变性的特点（图 3.2）。同时，它又是一个以人为主体的生物环境，其领域之中的自然环境、人工环境、社会环境是其重要组成部分。受地理因素和自然因素的影响，西部山地乡村建筑外环境的特征表现在以下几个方面：

1）形成特征：西部山地地区建筑外环境的发展与当地的经济发展是同步的，具有明显的时代特征，其形成和发展包含着长期性、复杂性和不确定性。

2）功能特征：人们有意识地创造出建筑外环境空间，其根本目的就是让人能够健康、愉快、舒适、安全地生活，在社会从低级向高级发展的过程中，这一目的显得越来越明显。无论是在西部山地的乡村还是城市，建筑外环境都是一个过渡空间，联系着每个相对独立的空间；在山地乡村，建筑外环境不仅具有重要的景观特征，而且还为村民的各种生产、生活提供服务，具有不可代替的功能性。

3）空间特征：乡村的建筑外环境空间具有地方特征，在西部山地地区，这一空间形态也不是一成不变的，它既会受到外界的影响而发生改变，也会由于内部的不断发展而改变，也可以说，变化是绝对的，稳

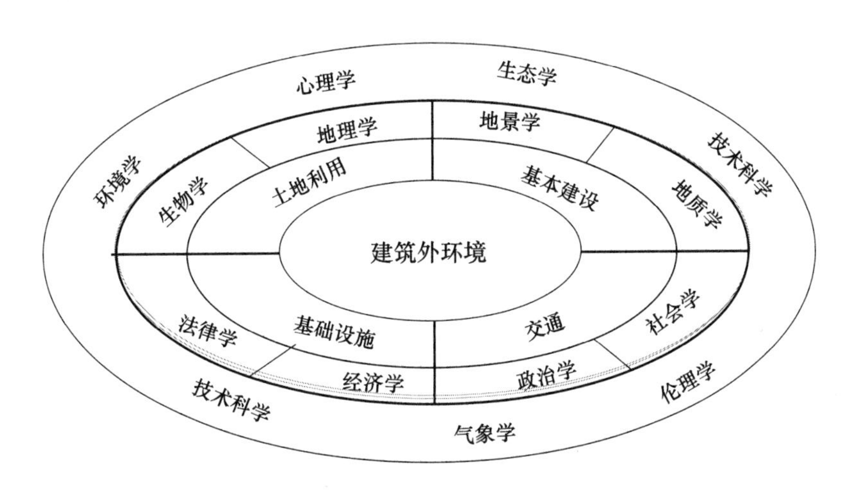

图 3.2 建筑外环境研究涉及的层面

定是相对的。

4）文化特征：西部山地乡村的建筑外环境是居民的生活方式、意识形态和价值观的真实写照，其文化特征最能体现当地的地方特色，也是对当地文化时代性、综合性的反映，是任何其他环境或者个体所无法比拟的。

3.2 西部山地乡村建筑外环境的机理

西部山地乡村建筑外环境是外部空间环境中的构成要素及控制要素共同作用的结果。其中，构成要素较为复杂，包括有形的、无形的、自然的、人文的等方面，这些要素有主次之分，主要要素决定了环境的性质，次要要素起到辅助的作用。建筑外环境中的控制要素也是复杂多样的，例如：使人全面感受空间的氛围、增强人舒适感的小气候，在不同文化背景、宗教信仰、审美意识的差异下形成的多种理想景观模式，以及在乡村发展过程中逐步形成的良好的环境主体和生活环境，都是西部山地乡村建筑外环境营建过程中可控制的要素。

3.2.1 构成要素

一般来说，构成环境的各种元素都会对人产生某种刺激，在乡村，由于人们对建筑外环境认知的角度不同，因此对建筑外环境组成的认识就有所不同。一般来说，山地乡村的建筑外环境由物质环境与精神环境两部分构成[①]（图 3.3）。精神环境需要以物质环境作为支持，同时物质环境又具有精神的内涵，两者是有机联系的。

建筑是为人而建的，环境是为人而营造的，因此，在西部山地乡村，良好的建筑外环境营造不仅是为了给村民提供一个舒适的物质环境，同时也是为村民提供一个可以在感情上和思想上相互交流的精神环

① 韦娜．西部山地乡村建筑外环境优化研究［J］．西安建筑科技大学学报（自然科学版），2011.

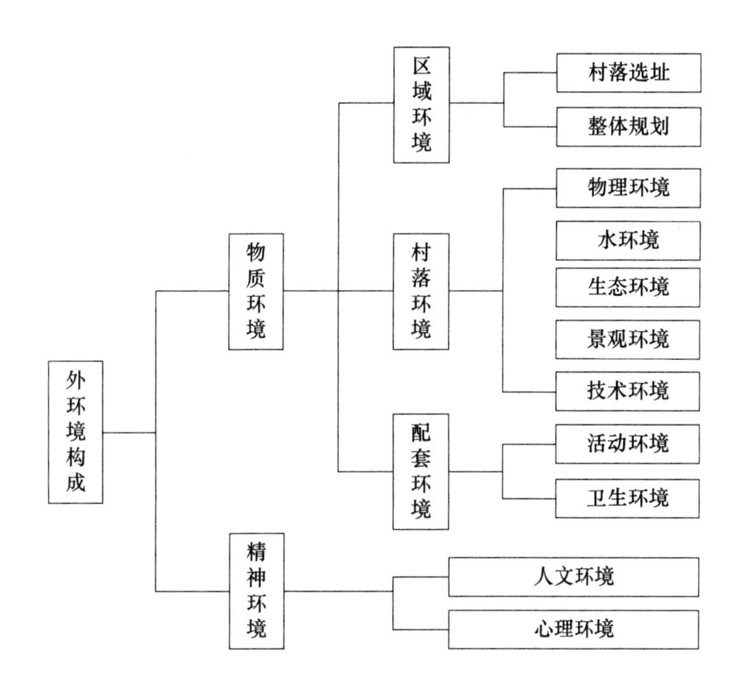

图 3.3 建筑外环境的构成要素

境。在这个营造过程中，精神环境与物质环境互为支持、互为补充。

1）物质环境

物质环境指的是地球上水、大气、土壤等生态因子构成的有机生存环境，包括自然环境和人工环境。

自然环境指的是人类的生存和发展所依赖的各种自然条件的总和。自然环境不等于整个自然界，只是自然界中一个特殊部分，它可以直接或者间接地影响人类的社会活动，为人类物质文化的建立和发展提供基础条件。通俗来说，自然环境是指未经过人的加工改造而天然存在的环境；按环境要素，自然环境可分为地质环境、水环境、大气环境、土壤环境、风环境和生物环境等。我们通常所说的环境多指这种环境。随着社会的发展和生产力水平的提高，对社会发生作用的自然环境越来越多，但是，人类生活在一个有限的空间中，人类社会赖以存在的自然环境是不可能膨胀到整个自然界的。在乡村，建筑外环境营建过程中要考虑的自然环境因素主要包括地貌、动植物、水文、气候和土壤等方面，这些因素在乡村的建筑外环境中起到的作用各不相同。由于自然环境具有地域性规律，因此，乡村建筑外环境中的许多因素也具有明显的地域性特征。

人工环境是乡村外环境中的另外一个重要的组成部分。人工环境是指为了满足人类的需要，在自然环境的基础上，通过人类长期有意识的社会劳动，加工和改造自然物质所形成的环境，或人为创造的环境，包括聚落、街道、交通工具、公共设施、人工栽培的植物等。由于人工环境在外部空间中的数量、组合方式不同，因此所形成的建筑外环境形式千差万别。人工环境与自然环境的区别，主要在于人工环境对自然物质的形态做了较大的改变，使其失去了原有的面貌[①]。

2）精神环境

对于环境的讨论，我们大多考虑的是客观上的生活环境，例如生产、生活的空间，学习、工作的空间，交往的空间等，这些都属于物质环境的范畴。然而，与物质环境相对应的精神环境具有更重要的意义。

精神环境指的是人的思想所处的精神状态，这个环境的形成需要物质环境作为基础才能实现，这是因为，我们任何时刻所保持的心态和感受都是来自生活中各种物质环境所带来的综合刺激，所以说，物质环境影响并决定着精神环境。

芦原义信在《外部空间设计》一书中提到："外部空间是从自然当中由框框所划定的空间，与无限伸展的自然是不同的。"他指出："外部空间是由人创造的、有目的的外部环境，是比自然更有意义的空间。"[②]这里的"由人、有目的地创造"就指出了营建外环境时人的主观能动性所发挥的作用，这个创造过程很重要的一个方面就是满足人们的精神需求。一个环境要满足人们的精神需求，首先应该十分重视这个环境的使用者，而非设计者或者决策者，因此，外环境的设计过程中除了要尊重自然、利用自然、结合自然外，还要特别注重使用者的特性、需求，达到人性化的设计目标，创造具有积极意义的外部空间环境。

3.2.2 控制要素

1）注重小气候

小气候是在一个大范围的气候区域内，由于局部地区地形、植被、土壤性质、建筑群等以及人或生物活动的特殊性而形成的小范围的特殊

① 芦原义信．外部空间设计［M］．尹培桐译．北京：中国建筑工业出版社，1985.
② 同上．

气候[1]。它与大气候不同，其差异可用“范围小、差别大、很稳定”来概括。所谓范围小，是指小气候现象的垂直和水平尺度都很小（垂直尺度主要限于2m以下薄气层内；水平尺度可从几毫米到几十公里或更大一些）；所谓差别大，是指气象要素在垂直和水平方向的差异都很大（如在沙漠地区贴地气层2mm内，温差可达十几度或更大）；所谓很稳定，是指各种小气候现象的差异比较稳定，几乎天天如此。

我们生活环境中的每一块地方，例如农田、仓库、庭院、温室等都会受到当地气候条件的影响，同时亦会受下垫面及热状况的变化而形成特有的气候状况，但范围较小。无论在城市或乡村，小气候中的温度、湿度、通风、光照等条件都将直接影响植物、农作物的生长以及人们的工作、生活环境，可通过一定的技术措施加以改善。

在人们日常的生产、生活中，小气候会起到一定的影响作用，因此，对于小气候的研究具有现实意义。可以利用小气候知识为人类服务，例如：合理植树种花，绿化庭院，改善下垫面状况，使小气候条件得到改善，减少空气污染，尤其是在大气候较差时，创造良好的小气候环境更值得重视。良好的小气候环境可以增强人的舒适度。外环境营建的最终目的就是为人们提供一个舒适、愉快的空间场所：一个除了用眼睛看，还可以用其他的感官去体会的场所。适当的小气候可以使人们全面感受空间氛围，全身心感受空间环境的愉悦性，因此应当有意识地、有目的地去营造小气候环境，要综合考虑热传递、温湿度、反射率、太阳辐射、气流、气压等因素。综合来看，营造一个特定的小气候，要解决的一个最主要问题就是让人有最佳的体感温度。一般来说，生活在温带或亚热带的人，温度在18～26℃，相对湿度在20%～25%时，会感觉比较舒适，因此可以从温湿度、气流、辐射等方面的有效调节入手，通过对建筑外环境中的地形、植被、地表以及建筑形态进行适当处理达到目的。

植物是建筑外环境中主要的组成部分，由植物所组成的绿化实体，可以创造良好的小气候，也是调节外部环境最直接、最简单的方法。这是因为植物具有降低温度、增加湿度的功能效益。国内外的资料表明，一般在炎热的气候中，绿化实体可降低环境温度1～3℃，最高可达

① 百度百科：http://baike.baidu.com/view/198807.htm#sub198807.

7.6℃，同时可增加空气湿度3%～12%，最大可达到33%[①]。而不同的绿化实体调节小气候的能力是不同的，绿化实体的结构越复杂，降温增湿的能力就越明显。一般来说，乔木＋灌木＋草坪这样的结构效应最为显著，其次是乔木＋灌木、乔木＋草地、灌木＋草地。

2）理想的景观模式

“景观”最早的含义更多具有视觉美学方面的意义，在园林学科中指具有审美特征的自然和人工的地表景色，即与“风景”（scenery）同义或近义；在地理学中指一定区域内由地形、地貌、土壤、水体、植物和动物等所构成的综合体。总的来说，景观是指土地及土地上的空间和物质所构成的综合体，它是复杂的自然过程和人类活动在大地上的烙印[②]。

在我国古代，受“天人合一”观念的影响，并不存在纯粹意义的形式美的景观，而是将景观与人、事物相联系，与人的理想相联系，因此，往往会因“人杰”而“地灵”，将人才辈出与山川秀丽建立关系。后来，又由于人们的整体思维模式与古代地理学中对位置环境关系中的形式的关注，将景观上升到“形胜”，因而这一时期的景观融入了大量的自然地理以及人文地理的内涵，如“据其形，得其胜，斯为形胜”[③]。由此，乡村的景观与地形的关系就更加密切（图3.4）。

俞孔坚教授曾提到：“任何一个民族、一种文化，都持有其独特的理想环境模式，当然这种理想模式中也包含着全人类所共有的某些理想

① 符气浩．城市绿化的生态效益［M］．北京：中国林业出版社，1995.

② 李健嘉．传统小城镇街道景观整治初探［J］．河南城建学院学报，2011.

③ 巩县志编纂委员会．巩县志［M］．郑州：中州古籍出版社，1991.

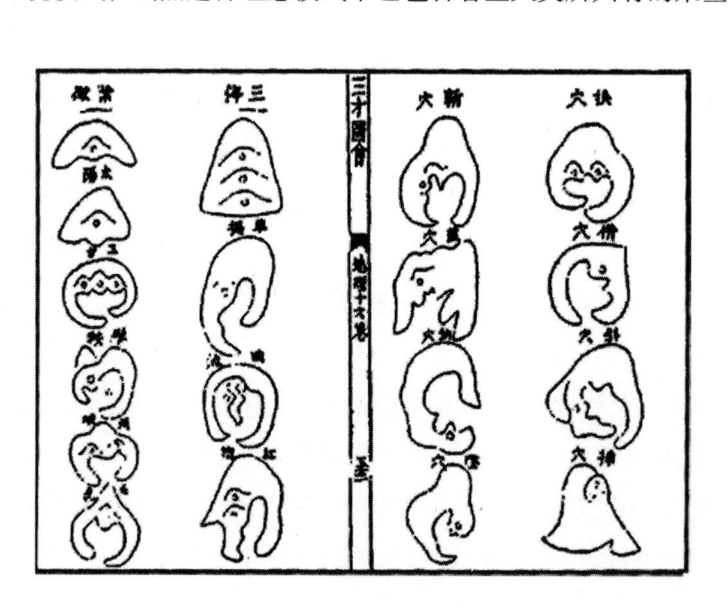

图3.4 《三才图绘·地理》中对地形的描述

特征。而理想环境模式的形成是与特定民族和文化的生态经验密不可分的。”理想的景观模式有多种，不同地区的人们由于文化背景、宗教信仰、审美意识的差异，对于理想的景观模式也会产生不同理解。探索理想的景观模式有多种途径，这里从宗教信仰入手，来分析我国古代传统文化影响下的理想景观的三种模式[①]（表 3.2）：

景观的三种模式 **表 3.2**

理想景观模式		主要特征	景观感受
中国文化中仙境和神域景观模式	昆仑山	高峻山体，洪涛深渊所环	壮阔
	蓬莱	海中之岛，海水洪涛所环	超脱
	壶天	内腔大而口小	隐幽
“风水”佳穴模式		山环水绕，明堂阔大，水道屈曲绵延	
须弥山模式		高峻山体，重山重水所围	

（1）中国文化中的仙境和神域景观模式

昆仑山模式：中国上古流传下来的神话传说很多都与昆仑山有关。中国道教文化里，昆仑山被誉为“万山之祖”“万神之乡”，是可望而不可即的神山仙境。经过人们千百年的加工，昆仑山最终成为一个能满足人们一切欲望的理想境地。从《山海经》中关于昆仑山的记载：“西海之南，流沙之滨，赤水之后，黑水之前，有大山，名曰昆仑之丘。……其下有弱水之渊环之，其外有炎火之山，投物辄然。……此山万物尽有”，“昆仑之虚，方八百里，高万仞。上有木禾，长五寻，大五围。面有九井，以玉为槛。面有九门，门有开明兽守之，百神之所在”，可以看出昆仑山最大的景观特征就是“高”。除此之外，昆仑山还有山崖陡峻、深渊环绕等特点。在中国文化中，昆仑山已抽象成为一个以高峻为主要特征的理想景观模式。

蓬莱模式：蓬莱成为传说中的仙山，是在昆仑山之后，属于秦汉以后兴起的神仙信仰的产物，人为色彩很浓，是形成道教的先声。战国时期，战事不停，人们都十分渴望有一个超尘脱俗的仙境，既可以远离战火，又可修身养性、延年益寿，便在神话幻想的启发下，想象出一个仙界。秦、汉统一之后，最高统治者为了能永远享受舒适的生活，更希望长命，最好是不死，于是从上至下掀起了狂热的成仙之风，因此出现了

① 俞孔坚．理想景观探源［M］．北京：商务印书馆，2004.

“三仙山”和“五神山”之说，蓬莱就是其中一个。在我国，以蓬莱称谓的地名很多，但与昆仑一样，蓬莱实际上是人们心目中一种理想景观模式，其最大特征是岛屿。

壶天模式：“壶天”原本指的是葫芦的内腔。《后汉书》记载了一个传说：“(东汉费长房为市掾时)市中有老翁卖药，悬一壶于肆头，及市罢，辄跳入壶中……长房于楼上见之……旦日复诣翁，翁乃与俱入壶中，唯见玉堂严丽，旨酒甘肴，盈衍其中，共饮毕而出。”后来在我国的道教神话及传说中以“壶天”为仙境、胜境(图3.5)，形成了壶天模式，其最大的特点就是有一个与外界相隔离的围合空间(壶腔)，一个连接内外空间的狭口(壶口)。

图 3.5　壶天模式

(2)“风水”佳穴模式

传统文化十分重视村落及宅院的“风水”。中国风水讲求的是人与宇宙的协调，用得最多的就是阴阳八卦和“五行四灵”之说，反映的是古人对地理、生态、景观、建筑的综合观念。从风水学来看，佳穴模式应当是指具有山环水抱的环境生态、静观自得的心理建构和文化氤氲的艺术氛围。

风水其实就是人们在追求理想环境的过程中形成的一种认知体系。我国古代，无论是阳宅还是阴宅的选址，都遵循这个高度理想化和抽象化的择穴模式①，即四神兽模式，简单来说就是房子的左右两边，一定要有山峦、小丘、楼房或河流、树林围绕，呈现“环抱状”(图3.6)。

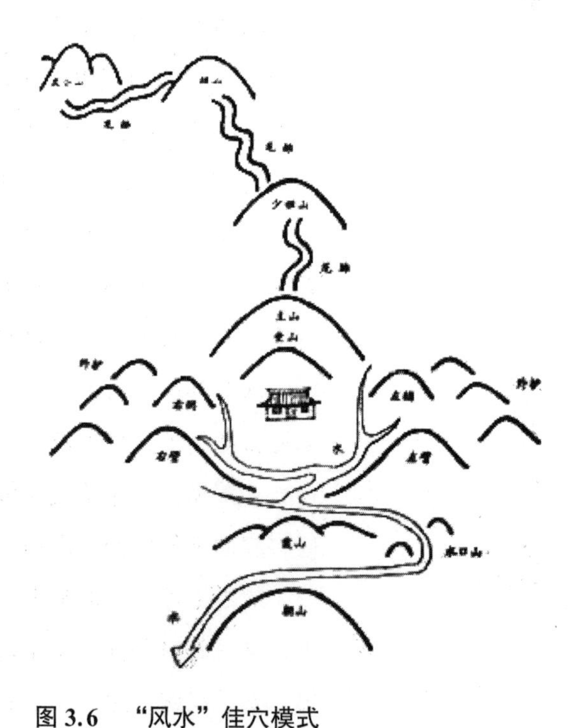

图 3.6　“风水”佳穴模式

① 俞孔坚．理想景观探源［M］．

（3）须弥山模式

我国最早出现的宇宙观也受到了印度佛教的影响。在佛教的宇宙观中，一千个小世界称为一小千世界，一千个小千世界称为一中千世界，一千个中千世界称为一大千世界，合小千、中千、大千总称为三千大千世界，须弥山就位于此世界之中央。中国佛教中的须弥山净土，也是我国古人心目当中的一种理想景观模式。

3）良好的环境主体

在微观世界，一个生命体从细胞诞生的阶段开始，便融入了环境，同时也和各种环境发生物质的交换和信息的交换；在宏观世界，从这个生命体出现在地球上开始，它便和环境发生着某种"关系"。作为地球上的高级生命体，人类以群体形式存在，进化、发展到今天是受到了环境的庇荫，同时也在不断地改造环境，使之符合人类生存和发展的需要，在此过程中，人类逐渐成了环境的主体。

在人类社会的早期，人们对于环境的认识，仅限于关心其自身作为生物体存在所需要的物质性媒介。但随着人类的不断进化和快速发展，人们对于环境的认识越来越深刻，环境也被赋予了更多的内涵，文化和社会是其中最为重要的因素。作为环境中的主体，人们也越来越关注自己的生活环境，环境意识渗入了日常生活的每一个角落。

良好的环境主体其实就是对生活于其中的人群的一定期待，这也是对社会环境的选择。对于不同文化背景的人来说，对于环境的感知、认知是不尽相同的。环境除了使用功能外，对于很多人来说很大程度上是一个欣赏的对象。良好的生存、生活环境需要有良好的环境主体去创造、建造，同时使用者、体验者也需要具有与创造者、建造者同样的观念，这样才能实现并且持续下去。

4）生活大环境的创造

村落是住宅的放大，反过来也就是说，建筑外环境的创造直接影响着人们生活的大环境，这里的生活大环境指的就是我们传统意义上所说的生活环境。生活环境是与人类生活密切相关的各种自然条件和社会条件的总体，它由自然环境和社会环境中的物质环境组成。

在日常生活中，生活环境按照发展顺序从小到大可以分为：室内环境、院落环境、村落环境以及城市环境。按照用途可以分为：休息环境、学习环境、工作环境、劳动环境等。生活环境与我们每个人的生活质量有着很大的关系，因此，外环境设计实践应当考虑多方面因素，以满足生活于其中的人们的不同需求。在乡村，更要综合考虑村民生产、生活的需要，对外环境进行适当的改造，在形成良好小环境的同时，创造出宜人、宜居的生活大环境。

3.3 西部山地乡村建筑外环境的影响因素

西部山地乡村建筑外部空间环境所呈现出来的丰富多彩的形式和风格，是在特定的自然地理条件以及人文历史发展的影响下逐渐形成的，包括地理、气候、社会、经济、文化等各种因素。总的来说，乡村建筑外部空间主要由以下两个因素决定：自然环境和社会环境。

3.3.1 自然环境

由于地理位置不同，各地区的自然条件如气候、温湿度、地貌、地质等方面的差别也是相当悬殊的，反映在建筑的外部空间上也必然带有明显的地域特征。处于相同或类似的自然条件下的建筑外部空间环境虽不完全一样，但却有很多共同的特征（图 3.7）。

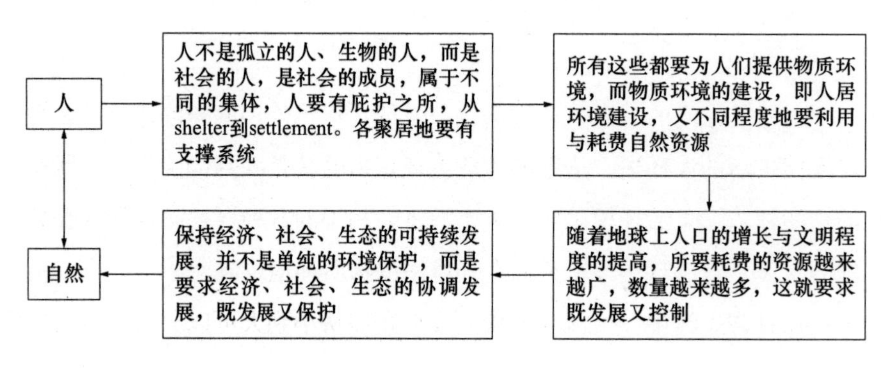

图 3.7 人与自然的协调关系

1）气候

气候特点越显著，其对建筑形式的影响越大（图 3.8），建筑形式会影响其外部空间的形式。与平原地区相比，山地地区乡村的经济水平及建造手段相对有限，不可能完全采用现代化的手段来满足人们对采光、通风、避暑、御寒等的生活要求，大多数情况下，山地地区的乡村居民在进行建筑建造时会充分利用自然条件，适应当地的气候，以形成相应的居住环境。

2）地貌

我国地域辽阔，地形、地貌丰富多样。从以往的经验来看，我们的祖先十分珍惜这优越秀丽的自然风貌，无论选址择基，还是大兴土木，都极为慎重地考虑山形水势的结合，不仅极力利用有利的自然因素来创造更加适合于生活和生产的环境，而且还要使整个村落和建筑十分和谐地融合在大自然的环境之中，互相因借，互相衬托，从而创造出丰富多样、地理特征突出的自然景观（图 3.9）。

西部地区的山地乡村，耕地十分宝贵，平坦的土地一般是留作耕种的。因此，山地村落大多建造在地形起伏的山坡之上，建筑随山势逶迤起伏，外部轮廓变化丰富。

3）建造材料

民居建筑是乡村外部空间环境当中的一个重要影响因素，而最能对外部空间产生影响的就是民居形式。在我国乡村地区，很多民居的形式

图 3.8　为了取得良好的通风而建造的干阑式民居

图 3.9　依山而建的陕北窑洞

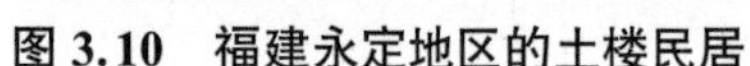

图 3.10　福建永定地区的土楼民居

图 3.11　湘西的石构民居

受建造材料的直接影响，带有地方特色的建造材料以及制品可以创造出丰富多彩的具有地方特色的民居形式及其外部空间环境，使人产生不同的感受。因此，在山地乡村，就地、就近取材是应当遵循的首要原则（图 3.10，图 3.11）。

3.3.2　社会环境

除自然因素外，影响建筑外环境形式及其特点的另一个因素就是社会因素。这两个方面的影响因素孰主孰从，不能一概而论，必须具体分析。从乡村的发展来看，人类文明发展程度愈高，自然因素的影响便愈小，社会因素的作用则愈大，反之，人类文明发展的程度愈低，自然因素影响所起的作用便愈大，社会因素所起的作用则愈小①。一般来说，社会因素包括了文化差异、道德观念、宗教信仰、交往习俗等方面（图 3.12～图 3.14）。

1）文化差异

文化是人类活动的产物，而文化的形成都发生于一定的地域中，这个地域的地理条件在一定程度上影响着该区内文化的形成，“一方水土孕育一方文化，一方文化影响一方经济、造就一方社会”说的就是这个道理。

文化大师 G. 霍夫斯坦德对文化下了这样一个定义：所谓“文化”，就是在同一个环境中的人所具有的“共同的心理程序”。因此，文化并

① 彭一刚．传统村镇聚落景观分析［M］．北京：中国建筑工业出版社，1994.

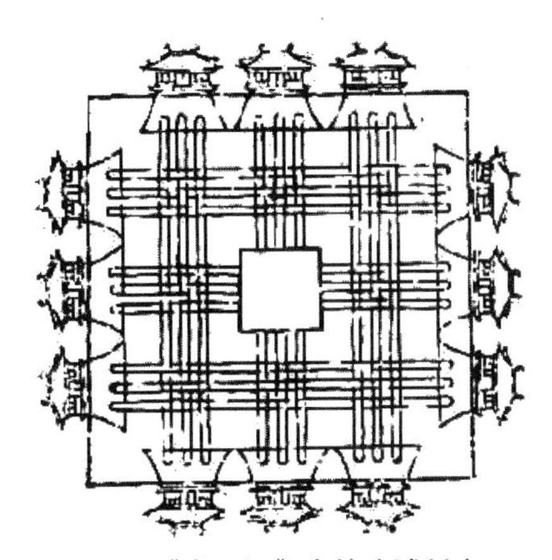
图 3.12 《考工记》中的建城制度

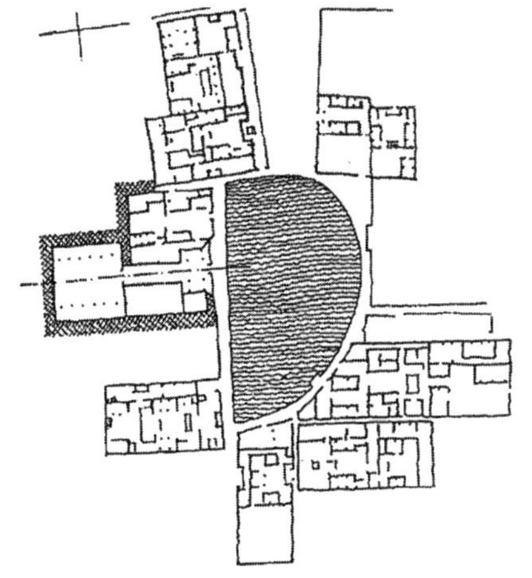
图 3.13 以宗祠为中心的宏村平面

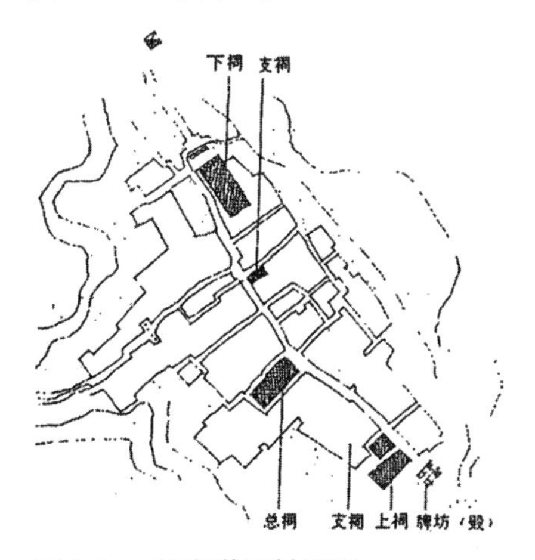

图 3.14 皖南潜口村平面

不是一种个体特征，而是具有相同社会经验、受过相同教育的许多人所共有的心理程序。这种“共同的心理程序”在不同国家、不同地区、不同群体等因素的影响下会产生差异，是因为他们受着不同的教育、有着不同的社会和工作，从而形成了不同的思维方式①。

因此，文化是作为观念形态存在的，它形成后会渗透到人们生活的各个方面，并影响、支配人的思想及行为。建筑的外部空间环境是人们日常生产、生活的物质空间环境，它必须满足人们的各种功能要求，也必须满足人们对它提出的精神方面的要求，而人的精神需求由于受整个社会思想意识的影响，是不能孤立存在和绝对自由的。乡村文化有其独特的地域特点，因此，研究西部山地乡村建筑外环境，就要深入文化领域的各个方面去探索它们对当地建筑及其外部空间环境的影响和作用。

2）宗法道德观念

中国传统的道德观念深刻影响着人们生活的各个方面，大到整体规划，小到建筑的局部装饰及色彩。由于地理环境不同，不同地区的人们在长期的发展过程中就会形成自己独特的生产、生活方式及宗教信仰，这些生产、生活方式及宗教信仰对村落形态的形成会产生不同程度的影响，从而产生具有不同特色的外部空间环境。

3）交往习俗

但凡有人居住的地方就会产生交往活动，因风俗和习惯的不同而产生的公共交往活动对于建筑的外部空间环境也会产生不同程度的影响（图 3.15）。

① 毕鹏程．群体思维的跨文化效应［J］．预测，2003.

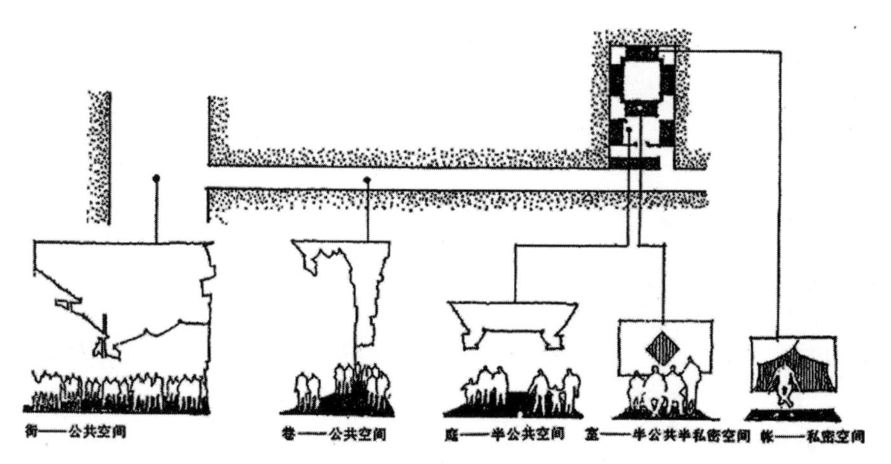

图 3.15 外环境中的各种空间

3.4 本章小结

西部山地乡村建筑外环境营建受多方面因素的影响，这是因为乡村不同于城市，尤其是山地乡村，在地区、民族、传统文化的影响下有着独特的地理特点及外部空间环境特征。随着城市化的推进，乡村居民不断在追求着理想的居住环境，但西部山地乡村外部空间环境的改造应该有控制、有计划地进行，以保证其外环境的可持续发展。

本章在分析西部地区的气候特征、山地地区的气候特征及山地乡村基本特点的基础上，提取西部山地乡村建筑外环境的构成及控制要素并进行分析，对西部山地建筑外环境的影响因子，如气候、地貌等自然环境影响因子和反映在建筑的外部空间上的社会环境地域特征的影响因子进行了分析，为西部山地乡村的建筑外环境设计实践奠定理论基础。

4

西部山地乡村建筑外环境心理学启示及营建过程

乡村聚落是当代人类生态学和可持续发展的基本单位，因此，乡村建筑外环境营建是实现乡村聚落生态、可持续的重要组成部分。这个过程一方面可保留富有传统意味的地域、历史、文化特征，另一方面可反映富有时代精神的当代可持续发展的特征。

建筑环境心理学的核心是探讨使用人群对所处空间的自然感知，应用于选择、优化、创造满足生产、生活以及心理需求的外在环境，是人对于空间的“条件刺激”产生反馈行为的记录研究[①]。以往的乡村建筑外环境营建是在村民自发建造下实现的，整体发展较为缓慢。近年来，随着乡村振兴步伐的加快，乡村迎来了新的建设时机，在这一时代背景下，如何洞悉环境与人的多维互动，构建满足人群心理、思想、行为需求的外部空间环境，也成为西部山地乡村建筑外环境营建的一个重要内容。

4.1 建筑环境心理学的启示

4.1.1 建筑外环境分类

一般来说，环境可分为自然环境和社会环境两大类。自然环境是社会环境的基础，而社会环境又是自然环境的发展。

自然环境包括人类生活的一定的生态环境、生物环境和地下资源环境，是人类赖以生存的物质基础，是自然界的特殊部分。随着生产力的发展和科学技术的进步，自然环境的范围也在不断扩大，但是却不可能膨胀到整个自然界中。

社会环境是人类通过长期的、有意识的社会劳动，对自然物质进行加工、改造所形成的一个新的环境体系，是与自然环境相对的一个概念。社会环境是人类精神文明和物质文明发展的标志，它会随着人类文明的演进不断丰富和发展，因此，社会环境又被称为文化—社会环境。

① 王博．建筑环境心理学在公共空间设计中的应用［J］．建筑技术，2015.

社会环境按照所包含的要素性质可以分为物理社会环境、生物社会环境和心理社会环境①。

1）物理社会环境

物理社会环境包括建筑物、道路、工厂等。这一类环境不管人们是否意识或觉察到都是实际存在的，可称为“地理的环境”，人们日常生活中通常所说的环境大多指的就是这种环境。

2）生物社会环境

生物社会环境包括自然生长、人工种植的植物、盆景，驯化、驯养的家禽等动物。这些生物给我们的日常生活提供原料，因此，生物社会环境是社会环境一个重要的组成部分。

3）心理社会环境

心理社会环境包括人的行为、风俗习惯、当地的法律和语言等，所以可以概括为“行为的环境”。这是因为人的行为和人的反应可以说是因为心理学环境而做出，根据外界存在的物理环境形成的。由于心理学的环境与行为有着密切的关系，因此也可以说，没有物理的环境也就没有心理学的环境，物理的环境总是有成为心理学环境的可能性，但是，心理学环境是通过人的媒介作用形成的，与物理环境并不相同。

环境心理学是从心理学角度探讨什么样的环境才是符合人们心愿的环境的一门学科，因此它并不追究人能够适应哪一种环境。过去，人们在创造环境时，几乎不考虑生活在那里的人们会有怎样的心理倾向，但今天，我们认识到建筑环境的文脉美，以及环境条件对人们心理产生的影响，从而更意识到建筑环境的合宜与否对提高人类生活品质起着极大的作用。

4.1.2 建筑环境心理学发展及基本任务

建筑从本质上讲是人工环境的一部分。但是长期以来，“建筑决定论”在建筑界颇有市场，不少的建筑师很自信地认为建筑将决定人的行为，使用者将按照设计者的意图去使用和感受环境。

然而随着人工环境的增加，很多自然环境逐渐丧失，大地上的整个

① 赵晓明．社会学视角下人力资源开发的社会环境［J］．吉林广播电视大学学报，2007.

环境正在日趋恶化。令人十分关心的问题是：日益恶化的环境将对人的生理和心理产生什么样的影响和损害？如何评价今天的环境？这些问题都要求我们去深入研究人工环境与人的行为之间的关系，这就产生了环境心理学。

环境心理学是现代环境科学的一个重要分支，这一新兴的、多学科的综合领域不仅涉及心理学、社会学、工效学、生态学和人类学等，而且和建筑学、建筑环境控制学、造园学以及城市规划等都有着极为密切的关系[①]。

我们总说“以人为本”，大量人工环境的创造也确实改善了人们的生活环境，但与此同时，人们往往会忽视人工环境带来的损害，也很少考虑我们真正需要的环境到底是什么样的，在创造人工环境时应考虑人们的哪些心理要素。以往心理学的注意力仅仅放在解释人类的行为上，对于环境与人类的关系未加重视。环境心理学则是以心理学的方法对环境进行探讨。

建筑环境心理学作为环境心理学的一部分，研究的是人与周围的建筑以及环境之间的关系，它探讨和解决的是人与环境之间的矛盾和问题，作为一门边缘科学，是建筑学、城市规划学与心理学的交集，其研究的核心问题就是讨论人们如何选择、改造以及创造生存、生活环境。简单来说，研究目的就是怎样的建筑环境使人心理愉悦，怎样的建筑环境又会使人不安和烦躁。

建筑环境心理学的研究过程是：人们首先对现实的环境进行认知并做出反应，继而确定行为，最后对经过行为之后的环境进行评价，其结果就形成了环境心理的资料，为今后的环境设计提供依据。

4.1.3 建筑外环境与人的心理

人们对于一个环境总是可以历数很多方面的优缺点，然后对其做出一个整体性的评价，这个评价在一定程度上是受个人心理要素影响的。

1）环境知觉

环境知觉是从对环境中个别刺激的加工开始的，通常会经过刺激的

① 马铁丁．心理环境学初探［J］．西北建筑工程学院学报，1995.

觉察、刺激的辨别、刺激的再认识和刺激的评定过程，包括思维、情绪、解释和评价的成分[①]。人们对环境知觉的变化受接触时间的影响，如果环境中的某种刺激恒定，那么人们的知觉反应就会越来越弱，这种情况称之为“习惯”，这种习惯包括嗅觉、味觉、噪声、光照、温湿度等。

环境知觉是环境信息的最初集合，是捕捉并解释环境信息从而产生组织和意义的过程。我们要想在环境中有所活动，首先就是要了解环境，需要通过眼、耳、鼻、手等去接收环境的信息。我们可以通过观察道路、界限和其他环境特征获取某处的信息，可以听树林的风声、瀑布的水声、路上的汽笛声和来往的行人声；我们还可以闻到花草树木的清香及自然界的各种气息，包括令人恶心的腐烂物的恶臭味，所有这些信息都能够让我们明白某些事物的位置以及环境的属性（图 4.1）。

环境知觉研究强调环境的真实性。无论是在真实的环境中还是在实验室里，都要求所模拟的环境尽可能地和现实生活一致。环境知觉研究的可贵之处在于试图建立被试者和环境之间的情境联系。一个环境是好是坏，是漂亮还是丑陋，是有意义的还是无意义的，是令人愉快的还是令人不快的，都是和环境知觉紧密相连的。没有比较就没有鉴别，也就不可能去评价。相反，环境的评价，无论美学的还是情感的，都会改变知觉和以其为基础的心理表象。

2）空间认知

空间认知指的是对环境中空间信息的排列、储存和回忆的方式方法[②]。空间认知首先依赖于环境知觉，人们借各种感官捕捉环境特征，通过观察道路、界限和其他环境特征获取某处的信息，并设法弄清楚事物之间的联系，了解不同地点间的距离，以及是否可以顺利到达目的地等。听各种声音，嗅各种气味，触摸各种物体，都能使人知道一些有关事物的位置和环境的属性。

一个稍有生活经验的人都会对居住的地方有许多空间知识，这样，他才能在环境中生产、生活，才能在环境中定向、定位，并理解环境所包含的意义。人们去了解所在地方的空间知识，并识别和辨认环境，这样才能去他想去的地方。人在心理上表达环境的能力，以及在记忆中重现环境形象的能力是人类基本的生存技能。

① 徐磊青. 环境心理学：环境、知觉和行为［M］. 上海：同济大学出版社，2002.

② 相马一郎. 环境心理学［M］.

图 4.1　不同环境给人带来不同的感受

人们通过自己的视觉、嗅觉、触觉、直觉体验到环境所具有的形态、形状、尺度、色彩等，能够产生明显的暂时心理效应（表 4.1）。由于活动和体验的不同，个性、年龄、社会地位和生活方式的不同，不同的人对同一环境的认知也不尽相同，但一群人对某一地区会取得一些共识，这在一定程度上反映了环境本身的特性。

外部形态与暂时心理效应　　表 4.1

外部形态	心理效应
不稳定形、杂乱、坚硬、色彩混杂、噪声、粗糙、光线刺激、温度不适、眼睛疲劳	紧张、焦虑
形式简洁、结构稳定、质地柔和、色彩宁静、光线适宜、音量适度、温度舒适、具有想象空间	轻松、愉悦
隐秘的空间、倾斜面、扭曲面、高而险、无保护的缝洞、黑暗、冷光、奇异、痛苦、怪诞、寒气	恐惧
柔和、旋转、声音悦耳、情绪激活的色彩、无约束力、强烈的原色、流动、新奇	欢乐、自由
尺度宏伟、庄重、垂直向上、对称、对比强烈、永久性、纯白或蓝绿、绿、青紫色、投光配乐	崇高、敬畏
力度强、急骤的运动感、对立因素占优势	粗犷
障碍、沉闷、呆板、喧闹、紊乱、冲突、用材不当、温湿度不适、不安全	烦恼
急骤的动感和强力度、和谐中对立因素占优势、节奏稀疏	雄奇
动感缓慢、力度较弱、节奏稀疏、和谐	秀雅
强力度、动感缓慢、节奏密集、和谐中统一因素占优势，趋于对等平衡	精致
外形式中的跳跃感和强力度	华丽

3）情感活动

人类一直在探索自身与周围环境的关系。人际交往、人与环境之间的相互作用，直接影响着人所处的环境，也影响着人类自身。因此，研究人的行为与人所处物质环境之间的关系，提高人类对自身及其所处环境的认识，建立和谐的人与环境之间的关系，是环境—行为研究的永恒主题。

4）心理想象

想象是在人脑中对已有表象进行加工改造而创造新形象的过程。想象对认识具有补充作用，主要体现在对人类认识活动的补充，具有超前认识作用，可以预见活动结果，指导活动方向，具有满足现实中不能实现的需要的作用，对机体具有调节作用。

4.1.4 建筑外环境与人的思想

思想其实就是人类思维活动的结果，它是客观存在反映在人的意识中的结果，是一系列的信息输入人的大脑后，形成的一种可以用来指导人的行为的意识。思想属于理性认识，一般称之为“观念”。

在山地乡村进行建筑外环境营建的实践活动，首先要了解生活在山村地区的人们是怎样考虑其生活环境的，这对于了解当地人与自然环境的相互关系很有帮助。研究居住在这里的居民，了解当地居民的思想，对在当地创造理想环境也将起到非常重要的作用。

马斯洛需求层次理论将需求分为五种，分别为生理上的需求、安全上的需求、情感和归属的需求、尊重的需求、自我实现的需求。这五种需求像阶梯一样从低到高，按层级逐级递升。一般来说，某一层级的需要相对满足了，其追求就会向更高一层次发展。因此，人们不断追求生活环境的高情感、人情味、场所精神与可识别性，是人们生活品质提高的必然，同时富有高层次文化品位与充满生机、活力的建筑空间环境也是促使人们精神生活品质不断提升的一大诱因。

不论是在城市还是乡村，人们的需求都是建筑内外环境创造的活力源泉。结合五层次需求理论，我们可以较为清晰地了解建筑外环境发展的内在基因以及外部动因，从而研究建筑外环境中的约束条件以及更深层次的社会、经济和文化因素，总结发展过程中变化的和不变的因素，实现山地乡村建筑外环境的可持续发展。

4.1.5 建筑外环境与人的行为

对环境与人的行为的关系的研究，源自巴克等人最早提出的“行为场所”。“行为场所”概念的提出是行为科学在环境设计中取得的重要进展之一，它研究的是具体的微观的场所与行为之间的对应关系，是用现场追踪观察的方法来进一步研究人的外显行为，并且将人的行为模式与物质场所联系起来作为整体研究。概括来说，“行为场所”是活动与环境的稳定结合，包括以下几个因素：（1）有重复的活动出现，作为一组固定的行为模式；（2）有特定的环境设施；（3）环境设施与各种重复活动之间有适当的联系。

由此可以看出，不同结构、模式的环境可以满足不同人的行为，这取决于人的素质、意识和参与某种行为的花费和收益。人们也常常会对环境进行调整使其适应人的行为模式，若无法调整时，则会丢弃重新建造。

对于场所来说，边界用来阻止相互通过的行为，包括隔声以及阻挡视线。在建筑中，不同的空间一般是通过各种分隔来限定人们的活动的，而行为场所的划分，应当比行为本身更具有灵活性。环境中的不同层次的行为场所相互联系，从而形成了一个可以满足人们各种活动的系统，这个系统在一定程度上反映的是人们的文化背景、经济收入、竞争意识等各种限定条件下的观念以及生活习惯。一个场所是否适宜取决于人的行为与环境结合的紧密程度。

在现代城市不断发展的过程中，人们越来越重视与环境的共存问题，人们也在不断地改造并塑造环境，这是现代城市设计学科中的焦点问题，这一问题的核心就是如何解决人、环境以及活动三者之间的关系，包含中心、区域和路径三要素。山地乡村独特的地形、地貌特点使其具有丰富的外部空间特色，在这个空间中，各种场所除了要具有当地特色外，还应体现山地村民的精神，应该是根据山地村民的特殊生产、生活行为习惯而形成的特定空间。

建筑创造内外空间就是为了给人提供活动的场所，活动的关键在于调动人的积极性，使人参与其中，使得空间有活力，富有人性。

行为是人同环境的相互作用。如果把进行行为的人作为主体来考虑，便可以理解人是通过行为去接近环境的。而且，可以认为在行为出现之前，有几个主要过程是同行为相关联的，即：支配行为的动机形成过程，了解环境，获得行为的意义，对此作出相应处理以及采取适当行为的过程等。

一般来说，人在环境中的行为是无法避开社会行为的，这些社会行为在不同层次的公共空间中表现得特别明显。作为一个空间而存在的外环境如果与人的行为不发生关系的话，那么它就是自在之物，不具有任何实际意义，因为它单独存在时只是一种功能的载体；相反，如果没有空间环境作为背景、场合以及调节气氛的条件，那么即使发生了某种行为也不会持续完成。建筑外环境对人的行为的影响，需要综合考虑的是：

1）对人的感觉、知觉的影响

感觉是动物及人体接收外界传来的及发自体内组织和器官的刺激之特性，它是一个心理学名词，在心理学中的定义是：是刺激作用于感觉器官，经过神经系统的信息加工所产生的对该刺激物个别属性的反映[①]。感觉是我们现在所出现的一切心理现象的基础，如果没有感觉，那么也就不会出现其他的一切心理现象。只有出现了感觉，其他一切心理现象才可以在此基础上发展、壮大、成熟。也可以说，感觉是其他一切心理现象的源头和“胚芽”，感觉是其他心理现象大厦的“地基”，其他心理现象都是建立在感觉的基础上。

人们对于现实生活中客观事物的认识是从感觉开始的，感觉也是人们最为简单的认识形式。一般来说，感觉可以分为两个部分：一是“需要”，不论是幼儿还是成年人都需要食物，需要睡眠，也需要某些刺激，那么建筑外环境营建时所要考虑到的就应该包括人们这些最基本的需要；二是“知道”，如果没有这部分感觉，那么人们也就不会产生满足感，即使现在吃到了食物，但是饥饿感还是存在，遇到危险也是熟视无睹，外环境中的一些不安全因素也察觉不到。由此可以看出，感觉其实是一种极为简单的心理过程，在我们的现实生活中具有十分重要的意义。有了感觉，人们才能分辨出外环境中各类元素的属性，可以区分各种色彩、形状、声音、温度、气味以及味道，有了感觉才能了解外环境中影响我们位置、距离、姿势、心跳、心情的各种因素，我们才能清楚地看到、感受到各类复杂的心理变化过程（图 4.2）。

知觉的字面意思为“知道、觉察、领会”，它是一系列组织并解释外界客体和事件而产生的感觉信息的加工过程，是脑对直接作用于感觉器官的客观事物整体属性的反映，区别于感觉所反映的具体内容。感觉是知觉产生的基础，也是知觉的有机组成部分，知觉是感觉的深入与发展。一般来说，对某客观事物或现象感觉到的个别属性越丰富、越完

① 百度百科：http://baike.baidu.com/view/14675.html.

图 4.2　易识别的建筑外部空间环境

善，那么对该事物的知觉就越完整、越准确[①]。

知觉是高于感觉的心理活动，但并不是感觉的简单相加，它是在个体知识经验的参与下，以及个体心理特征，如需要、动机、兴趣、情绪状态等影响下产生的，可以看作是各种感觉的结合。由于知觉受到感受系统以及生理因素的影响，同时受个人的知识、经验、爱好、倾向性、情绪等心理因素的影响，因此，对于建筑外环境的知觉是不同的。

总的来说，知觉和感觉是人们对于外界环境中一切刺激信息的接收和反应能力，它是人们的生理活动的一个重要方面，人们只有通过感觉、知觉第一时间对外环境进行评判，才能知道外环境中存在的问题及不足，并加以改造，从而创造出令人满意的、适宜的外部空间环境。

2）对人的交流行为的影响

空间的存在方式是各种空间的相互邻接，时间的存在形式是前后相随。人的各种交流行为都可以通过环境的媒介加以强化。强化分为两种

① 百度百科：http://baike.baidu.com/view/86539.htm.

情况，一是自主强化，另外一种是启迪强化。自主强化是调动人的内驱力，使人自身产生一种振奋，发挥创造的潜能，产生积极主动的行为；启迪强化是指通过环境给人以某种启示和诱导，通过改善环境条件，使人参与进来，产生交流行为。

3）对人的健康行为的影响

环境是人类的生存空间，当今我们所说的环境不仅包括了自然环境、日常的生活、学习以及工作环境，而且包括了现代生活用品的科学配置与使用，环境问题直接地影响人们的健康以及生活质量。通过"参加行为场所"这一行为研究，努力明确社会环境各种因素之间具有怎样的联系，是很有必要的。

4.2 西部山地乡村建筑外环境营建原则

人们很大一部分时间都是在室外度过的，人们在室外行走、逗留、交谈、小坐、劳动，不同的活动就要求有相对应的室外空间。因此，建筑外环境营建活动其实就是利用物质环境要素创造出服务于人、满足于人、取悦于人的空间。

建筑外环境在营建过程中会受到地方政治、经济、文化的影响，因此，创造出的建筑外环境并不能仅是满足几个人或个别人的空间，它不仅要为个人服务，而且要为社会服务。在乡村进行建筑外环境的设计实践活动是要改善整个乡村的环境，同时也应当满足乡村政治、经济、文化的需要。

4.2.1 视觉感知

1）适当的距离

建筑外环境要素要产生良好的景观效应，首先要注意到人与观察对象之间的距离。杨·盖尔在《交往与空间》一书中提到社会性视距。他指出，500～1000m内，人们可以识别人群；在100m左右可以分辨出具体的个人；在70～100m可以确定一个人的性别、年龄以及行为动作，30m能看清楚其面部特征、发型等；在20～25m可以看清人的表情。这个距离和人们识别具体环境的距离是一致的，如果人与环境的距离在20～30m的话，那么，这个环境就能够被人识别出来。除此之外，日本的学者芦原义信在《外部空间组合论》一书中提到"外部空间模数"，也是将25m作为外部空间的基本模数尺度，指出25m之内能看清楚对面物体的形象。

我国古代非常重视尺度的合宜，以满足人的心理、生理以及社会的需要，当时就有"千尺为势，百尺为形"的规定[①]，这主要是针对建筑群落的建造而确定的尺度标准。在建筑外环境的营建过程中，我们可以在距离23～35m的地方进行划分，并加以识别。

① 在古代，势是整体形象，形是具体形象，这句话的意思是：距千尺的地方可以看到建筑群落的整体形象，距百尺的地方可以看出单体建筑的完整形象。古代的千尺约为现代的230～350m，百尺约为23～35m。

从杨·盖尔的社会性视距、芦原义信的"外部空间模数"到我国古代的尺度制度，都是把25m左右的视距作为空间设计的尺度基础，作为人与观察对象之间的距离，因此，在建筑外环境的营建过程中，我们可以在人们日常活动25m范围内加强环境的布置，为人们提供各种适宜的场所。

2）良好的视野

要看清楚对象，除了有适当的视距，还应当有良好的视野，同时保证视线不受干扰，才能完整而清晰地看到环境中的事物。眼睛在水平方向上能够观察到120°范围以内的事物，在垂直方向能观察到130°范围以内的事物（图4.3）。

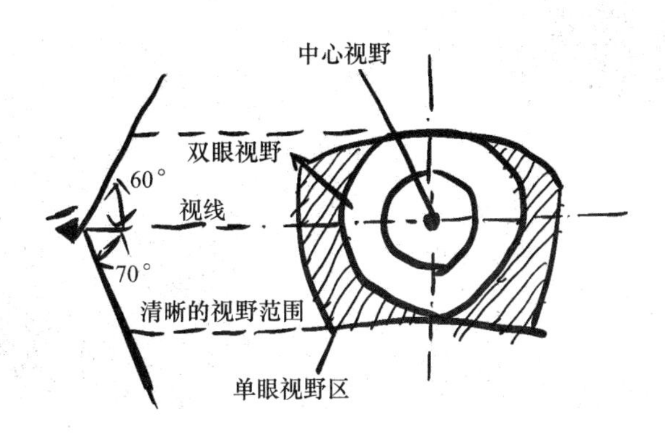

图4.3 人的视野范围

对于人们来说，要看清楚目标就需要一个角度，一般来说，这个角度应在行走时路线视距线下偏 10° 左右，这个角度可以使观察对象处于人的观察范围之内，所以城市中的摩天楼、电视塔都会设置用于观赏的平台，使人们可以看到城市的美景；除此之外，还需通过引导使观察对象和观察者在同一个水平面上，所以城市中的外环境设计会通过道路的起伏（台阶、坡道）、扶手、雕塑、旗帜等来吸引人们。

在山地乡村，起伏的地形及山路将外部空间环境进行了天然划分，形成了独特的外部空间特色。但是，在外环境的整体设计中应当有主次之分，因此，在山地进行外环境营建活动的一个目标就是对可以进入人们视线之内的对象进行局部加强，由主要的空间去欣赏其周围的环境，最终为人们的参观、交流提供场所（图 4.4）。

3）好的景观

对于一个环境来说，是否能吸引人、使人驻足观看的关键是其景观质量。景观是整个环境的一个重要组成部分，它可以是建筑物，可以是建筑的细部，也可以是石头、花草、树木、雕塑等，只要是人们有意或无意中对其产生兴趣，会停下来注视它、欣赏它，就可以称之为“景观”。因此，这个环境是否应有个性、形象是否鲜明、是否有感染力都是我们需要重视的。

图 4.4　良好的视野环境

图 4.5　山间休息瞭望亭

4）设置停留空间

当周围有可供观察、欣赏的对象时，人们便会自然地驻足、围合出一个空间，将观察对象围在中间。在我们的日常生活中，我们喜欢对周围的环境、事物进行评价、欣赏，并且与其保持一定的距离，所以，在这些地方我们可以提供一些设施，为人们提供一个停留空间（图 4.5）。

4.2.2　空间层次

1）可识别性

建立良好外部空间环境除了给人以良好的空间感受，一个主要目的是便于人们定向和寻路。如果人们很容易对当地各处的大致位置作出判断，那么对观察者来说，这个地方就是易识别的。一个好的环境应使人们容易了解自身所处的位置，并找到要去的目的地。山地乡村建筑外环境设计实践应加强空间层次设计，明确展现当地特点，便于人们识别（图 4.6，图 4.7）。

（1）路径：是人们走动的通道。它可以是大道或者小路等连续而带有方向性的要素。对于大多数人而言，路径是建筑外环境中可识别性的主要元素。

图 4.6　绿篱围合出的空间

（2）边界：两个面或两个区域的交接线。对于建筑的外环境来说，要形成空间感、领域感就应当对其边界进行精心组织。边界的处理手法多种多样，例如围墙、绿篱、栏杆、高差、台阶、坡道、建筑的外墙都可以用来进行边界的划分。

（3）节点：节点的重要特征就是集中，很可能是区域的中心和象征。因此，加强节点的设计，可以使人们更加明确地判断出自己所处的位置。

图 4.7　室外环境节点设计

2）整体性

整体性是风水学中的总原则，将整体性原则贯穿到建筑外环境的设计中，其实就是在设计过程中处理人与环境的关系。地理环境的每一个要素都作为整体的一部分，与其他要素相互联系、相互作用，某一要素发生变化，都会对自然地理环境产生一定的影响。因此，乡村建筑外环境设计实践应兼顾所有组成因素，要尽量保持各要素协调一致，而并非仅强调系统中某一个要素。

3）连续性

不论是在城市还是在乡村，人们不断地对其居住的环境进行改造，使其发生变化，这有其内部的原因，也有外界的影响，但不论怎样，一定是在原有的基础上发展而来的。受城市化以及工业化的影响，乡村建筑环境在迅速改变的情况下，失去了原来的面貌及其相应的特色风味，由此导致乡村环境文化的丢失，乡村环境营建出现了与历史文化的内在血脉联系。在这种情况下，需要对乡村建筑外环境进行研究，采取一些对应的措施，但是要使环境恢复并完善，仍需要长期不断的持续努力。

4）地方性

在建筑外环境营建过程中，注重地方性是指在不同地区进行整体规划或建筑建造前，都应当对特定的地区和地点进行分析和评价，包括当地的气候、地形、文化、建筑风格、各种限制条件等，同时还要考虑在建造的过程中如何充分利用当地的各种能源，采用地方特色元素以体现当地的文化特色。

5）可持续性

人们的需求内容和层次总是会随着时间的推移和社会的发展而不断增加与提高。可持续性发展实际上就是在平衡与稳定的基础上持续不断地发展，是从低级层次不断向高级层次的发展。可持续性在任何地区都适用，特别值得注意的是：（1）在关键问题的决策上，尽量不去犯致命性、难以挽回的错误；（2）对于空间的改造、创造要留有余地，要给后人的创造留下更多的机会和时间。在整个发展过程中要体现出公平性、可持续性和共同性。

4.2.3 人与空间的关系

1）人在空间中的距离

人与人交往的过程，常常会保持一定的距离，人们会根据不同的地点、事件、对象自动调整距离。美国人类学家爱德华·T. 霍尔在其《隐匿的空间》一书中指出了一系列的社会距离，这也是人们在交往过程中的心理习惯距离（图 4.8）：在日常生活中，距离在 15cm 以内是最亲密区间，在这个距离内，彼此可以感受到对方的体温、气息，一般来说，这属于夫妻、恋人之间的距离；15～45cm 之间也属于亲密区域，属于亲朋、好友之间的距离，例如促膝谈心、家人之间的日常交往；45～120cm 之间属于朋友和熟人之间的距离；120～360cm 是一般的社交空间，人们的工作交往、社交聚会通常会保持这个距离；360～750cm 之间的距离是演讲、表演等大型室外活动的距离①。

① 刘文军．建筑小环境设计［M］．上海：同济大学出版社，1999.

以上几种社会距离是由人们之间的熟悉程度所限定的，因此，对于建筑外环境的空间布局首先要考虑的是人们之间由于熟悉的程度而产生的各种活动以及相应的外环境空间尺度。

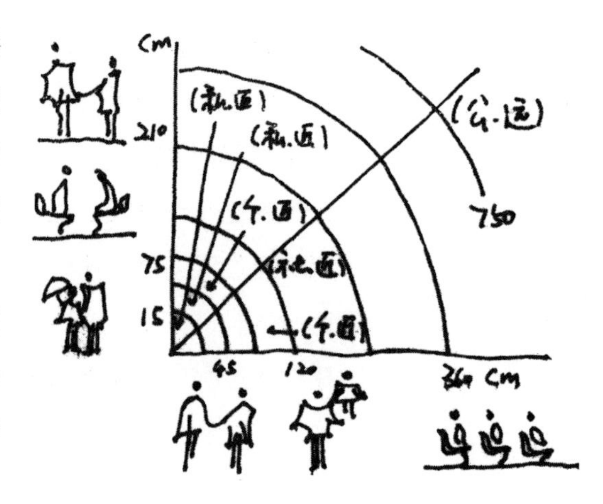

图 4.8　霍尔提出的人的社会距离

除此之外，不同地区、民族对于各种空间的大小需求也不同，年龄、性别、职业的不同、文化背景的差异也会导致个人空间需求的不同。山地乡村就是一个特殊的地区，生活在其中的人们就是感受当地外部空间环境的主要人群，因此，外环境设计实践活动应当充分了解当地的地域特色以及人们的真实需求。

2）人对空间的要求

人们在空间中进行着各种各样的社会交往，从建筑内到建筑外的活动其实就是空间由私密性逐渐向开放性转变的过程，在这个过程中要综合考虑人对于这个空间的各种要求，包括需求性、私密性、开放性和领域性。

（1）需求性

所谓需求就是人们的需要。人的需求都是由社会和文化条件决定的，与人的价值观和根本动机有关。简单来说，社会的进步，经济的发展，人们的见识、阅历的增加都可以影响到人们的需求。

只要有建筑就一定会出现与之相对应的外部空间环境，这个环境存在的最大价值就体现在满足使用者需求的功能上。因此，在乡村进行建筑外环境设计应当首先考虑当地村民的需求性。

（2）私密性

私密性是指个体有选择地控制他人或群体接近自己。对于个人或群体来说，都有控制自己与他人交换信息的质和量的需要，私密性是个人或群体对在何时以何种方式以及达至何种程度与他人相互沟通的一种方式。在私密性的定义当中，其重点在于有选择地控制，是可以按照个人的意愿支配所处环境。因此，私密性是“控制交往、有选择地交往的一种方式”，是人们对于个人空间的基本要求，保证空间的私密性是建筑环境设计的一个重点[①]。

私密性一般来说可以分为四种形式，分别为独处、亲密、匿名以及保留。这四种形式会在不同的时间和不同的情况下出现。独处的形式是为了避免自己被别人看到，而把自己隔离，与其他个体分开；亲密的形式是自己为了和某些个体，例如亲人、爱人、朋友在相处时不被外界干扰；匿名的形式是自己在某些场合不愿意被别人认出来，而进行乔装打扮、隐姓埋名；保留的形式是因为自己不愿意被外界知道而需要隐瞒一些事情，这种形式经常需要利用周围的建筑来实现。人是通过不断地调节与社会的交往来获得私密性的，因此，私密性的获得是人积极主动的选择，而不是消极地远离社会、封闭自己，这是一个能动的过程，由人来调节与社会交流的程度——更多或者更少的接触，这也是人对其他个体以及社会的一种特有的支配权。

一般来说，我们讲到“私密性”，首先想到的就是建筑的内部空间。建筑内部空间设计的一个最重要问题就是保护人们的私密性，其内涵为：可以使个体与其他人分离开，达到自我保护的状态，或者对于自己的空间进行个性化的装饰，以减少或增加被别人看到的可能性；除此之外，还要重视听觉上的私密性，如用一些隔声或者吸声材料来减少声音的传播。

一个空间的私密性不是绝对的，是相对于公共性来说的。私密性和公共性之间是一个渐变的过程，依次为私密空间——半私密空间——半公共空间——公共空间，同时，这几种空间的划分又不是绝对的，具有不确定性。例如，人们在一个开放的广场（公共空间）进行交流，其交流方式一般来说都是三三两两，这就是社会学中说提到的“小群生态”，从私密性的角度来看，它的对象不仅针对个人，还针对很多个这样的小群体，每个小群体都不希望被外界打扰，而不同的群体所需要的空间形式也不一样，因此还要注意公共空间中小环境的划分，尽量多样化、具有层次性，以满足不同小群体的需求，创造多样性、多种选择的空间[②]。

（3）开放性

开放性指的是具有开放性质的措施和形式，是相对于封闭性来说

① 刘文军．建筑小环境设计［M］.

② 刘梦园．私密性在景观环境中的应用［J］．建筑科技与管理，2010.

图 4.9　休息亭限定出的空间

的。外部空间环境的开放是在人们的行为与环境的互动关系中产生的，因此，研究乡村建筑外环境的开放性应当同人的行为联系起来。山地乡村特殊的地形及地理特点决定了其建筑的外部空间环境营建是没有统一的“标准模式”的，它应该是一种自主的、开放的形式，对于建筑的外部空间环境开放程度的评价标准就是看人在其中的参与行为的多少[①]。

（4）领域性

领域指的是人和物体在空间中占有和能够控制的一定区域，领域性是个体或群体占有空间，不让其他人或物体侵入空间的行为特性[②]。空间的领域性是由人的领域性来确定的，人都具有占有领域的行为特征，在某一段时间里，他们所占领的这个领域是不会让不熟悉的人进入的，直到他们离开。对于建筑的外部空间环境来说，环境中的一些设施、环境的布局都会将空间转变成不同人群的领域。例如休息亭的存在，使这个设施形成了领域性，人们离开这个亭子后，人在亭子中的领域性就消失了，这样，这个亭子又转变成了公共性的空间（图 4.9）。对建筑外环境空间进行划分，形成各种形式的空间的目的就是观看和进入其中，随后通过各种设施的空间位置转变形成不同的领域。

① 刘文军．建筑小环境设计［M］．

② 程倩．人·空间·环境·情感［M］．山西建筑，2004.

4.3 西部山地乡村建筑外环境营建过程

乡村建筑外环境的空间受多个因素的影响。西部山地乡村的建筑外环境是长期演变而形成的结果，在这一演变过程中，地域文化、地方居民的生产生活习惯以及各阶段需求等方面的影响较大。因此，在初步形成的营建原则基础上，探索可持续的西部山地乡村建筑外环境营建方法，使这一营建过程建立在多方面需求考虑的基础上是本章的重点内容。参考外环境营建的一般过程，结合乡村环境可持续发展的要求，西部山地乡村建筑外环境的营建包括基础信息采集、自然因素测试、现存问题分析、营建目标确立、营建策略提出等几个部分（图 4.10）。

与传统的线性思维相比，可持续的乡村环境营建更强调人、地、环境的共生关系，不再单一地以构成要素为营建措施的承载体，通过设计手段消解制约因素，使外环境与人群、外环境与区域空间更加密切相融、和谐发展①。可持续视野下的乡村建筑外环境营建具备以下几个特征（表 4.2）：

图 4.10　可持续乡村建筑外环境的营建过程

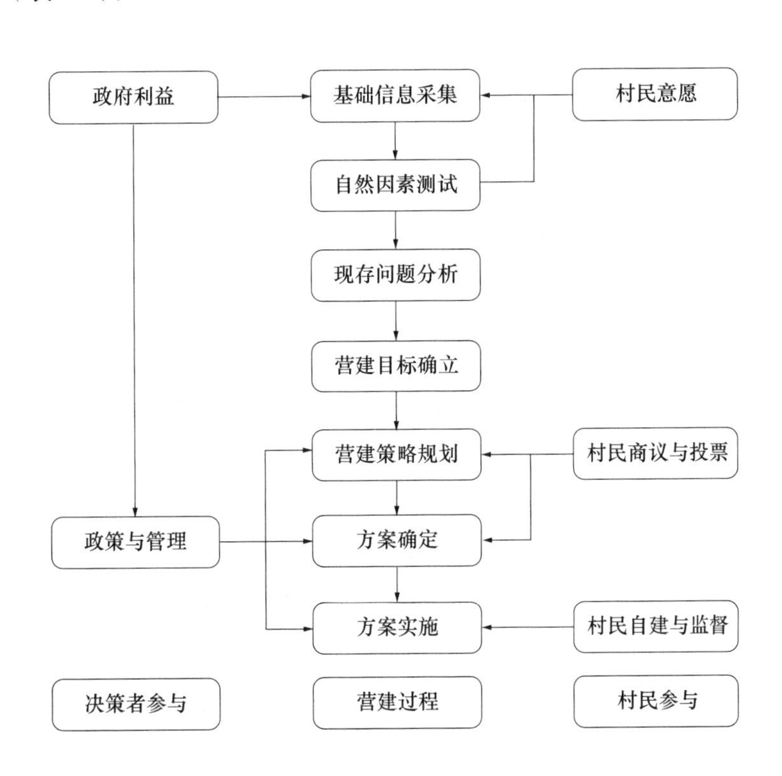

① 孙炜玮．基于浙江地区的乡村景观营建的整体方法研究［D］．杭州：浙江大学，2014.

线性思维与可持续视野下山地乡村建筑外环境营建方式的比较　表 4.2

营建方式	线性思维	可持续视野
营建目标	单一目标，多集中于景观资源本体	综合目标，考虑多方需求进行营建
研究导向	以蓝图为导向	以过程为导向
规划体系	“自上而下”	“自下而上”与“自上而下”结合
景观认同	强调管理者与设计者的专业判断	更重视使用者意愿，多方融合
规划周期	较短	较长
涉及要素	单一	复杂
可操作性	较差	较强

1）营建目标多元化，强调空间认同

可持续乡村建筑外环境的营建目标更加多元化，重视村民意愿，同时综合各方相关利益主体的需求，增强使用者自身及外部参与者对空间的心理认同，将“自上而下”与“自下而上”的组织形式相结合，最大限度地优化土地利用结构与外环境营建系统，由内关注空间功能与价值的建设体现，由外则推动潜在资源的保护与合理利用，共同加强山地乡村的综合发展。

2）重视参与过程，主张适度干预

在满足多元化需求的过程中，可持续乡村建筑外环境的营建重视各方主体的参与，协调建设利益关系的推进，注重对主动性参与以及营建观念的传播，上到相对刚性的国家政策，下到村民的意识认知，中间是各类媒介的大力宣传。除此之外，营建中各环节融入主体与客体的参与互动，从多方面探究乡村空间的演化进程及其与相关影响因素的交互作用，主张随地域环境、生态规律、使用人群心理感受进行适度干预，在满足营建目标的基础上使山地乡村建筑外环境呈现自然的演化状态。

3）建立动态循环的规划周期，可操作性强

由于在营建过程中加强了与各方利益主体间的沟通交流，并且综合考虑外环境与自然资源、社会因素的多重协调，可持续乡村建筑外环境的规划及建设周期相对较长，且自发现问题、研究问题、解决问题到验证讨论最终的方案确立形成动态循环，多元化思想交流的输入与输出也使最终方案更具可操作性。

4）融合多重认知，延续共生空间

乡村聚落的形成依托于一方水土，与当地世代的生活方式以及衍生的文化脉络息息相关，但随着时代的变迁与科技的进步，乡村建筑外环境营建有了更多的选择：有效地综合多重认知观念，延续特殊地域的人地共生、城乡共生以及空间的新老共生成为乡村建筑外环境营建中重点考虑的问题。

可持续性的思维模式主张研究对象与相关影响因素的多维融合，强调乡村居住、生产以及生态空间与自然环境的贴近、与社会发展的协调，倡导适度推进乡村建设中的经济效益与生态效益，追求功能实用性、生态可持续以及构成要素复合关联的景观建设，推动乡村空间的良性发展。

4.3.1 基础信息采集

1）信息采集的内容

山地乡村建筑外环境的营建需要综合认知研究对象及其相关联要素，通过获取第一手资料实现对景观信息库录入与输出的整体系统构建。在规划前期，对西部山地乡村的信息搜集主要集中于建筑外环境影响因子中的主体、客体要素[①]（表 4.3）；主体内容包括管理者、乡村居民、投资企业的需求、意愿等；客体要素包括乡村中生产、生活景观的资源现状及环境特征，如土地利用格局、人居环境格局特征（整体布局、交通系统、建筑风貌、景观系统、公共空间、基础设施）等。同时还要了解乡村的地域文化与特色风俗，探究景观及其形成原因、演化进程。现场调研通过采访、入户问询、记录、拍照等方式进行信息采集。

2）信息采集的方法

信息采集是完善景观建设前期信息库的重要基础，着重于探寻管理者、使用者以及相关利益主体对于乡村建设的预期构想及需求意愿，同

① 孙炜玮．基于浙江地区的乡村景观营建的整体方法研究［D］.

时获得乡村建筑外环境现状的第一手信息（表 4.4）。在主体意愿方面，探寻各方愿景与希冀的同时，记录乡间自身的体验、感受，将主客观信息进行叠加，结合乡村的区位优劣势及发展目标，整理形成有序的村落信息库，进而推动下一步前期分析的有效开展。

信息采集内容 **表 4.3**

<table>
<tr><th>信息类别</th><th colspan="2">信息来源</th><th>具体内容</th></tr>
<tr><td rowspan="4">主体意愿信息及研究依据</td><td colspan="2">管理者</td><td>乡村规划、民居相关政策规定
村镇上位规划，土地、水利等专项规划
物质及非物质文化遗产相关保护政策</td></tr>
<tr><td colspan="2">乡村居民</td><td>对当前乡村生产、生活环境的意见
村庄建设规划、房屋拆迁、土地利用结构调整、旅游产业发展及参与等意愿
未来规划仍需保留的空间需求</td></tr>
<tr><td colspan="2">其他使用群体</td><td>咨询利益相关者对于西部山地乡村的经济发展、规划建设等意见，如开发企业、附近城镇潜在旅游人群等</td></tr>
<tr><td colspan="2">相关规划理论</td><td>与乡村建筑外环境规划相关的理论研究，如：传统的自然生态观、环境生态学、环境伦理学、地景学、人居环境科学等</td></tr>
<tr><td rowspan="4">客体信息</td><td colspan="2">自然生态系统</td><td>地形地貌：基本特征、地形构成、特殊地貌、可利用区域等
水文资源：水系类型、水质、水量、农业及生活给排水系统
气候特征：温度、湿度、风向、大气质量、雨雪量等
动植物：植物群落、风水林、湿地分布、植物季相变化等</td></tr>
<tr><td colspan="2">经济生产系统</td><td>工农业、第三产业结构构成、发展水平、规划方向、转型趋势
工农业：工业构成种类、当前工业生产结构、工业园区分布、工业污染状况、设施先进性以及其带来的经济指数等；农业发展阶段、农作物种类、作物季相变化、农用建筑及设施分布、农田与聚落的布局关系等
第三产业：区域内旅游休闲场所数量、生态文化旅游宣传规模、年接待游客数量、经营收入状况、配套服务设施质量及分布等</td></tr>
<tr><td rowspan="2">居住生活系统</td><td>物质空间系统</td><td>土地利用类型、乡村总体格局、道路系统、历史文化空间、公共活动空间、民居建筑风貌、传统营建技艺、基础设施质量及数量、村落环境卫生等</td></tr>
<tr><td>非物质文化系统</td><td>风俗习惯、传统节庆、历史名人、饮食文化等</td></tr>
<tr><td>目标信息</td><td colspan="3">管理者、乡村居民等不同主体对发展目标的构想</td></tr>
</table>

信息采集方法 表 4.4

信息类别	采集方法
管理者意愿	对乡村景观单项发展进行详细访谈，双向交流，了解村落土地、水利、环保、产业等发展现状及规划意向
乡村居民需求	通过问卷形式对不同经济条件、不同年龄层的农户进行走访调查 对建设区位、公共设施、产业发展倾向、植物、农作物等景观建设信息进行全面问询
其他使用群体意愿	分析可能的利益相关者，并采集发展意向
客体要素信息采集	现场勘查、测量、拍照、记录 了解当地生活、生产、生态的景观要素构成，并在图纸上进行记录 向当地居民了解特色景观空间的形成原因、演变过程等
目标信息	综合考虑多元目标，通过信息采集进行分类整理，重视村民需求，使内容明确、具体，并将成果与小组成员进行讨论，反复修正

4.3.2 现场测试及信息整合

西部山地乡村建筑外环境的可持续营建除了应满足当地村民生产、生活需求外，还应考虑适宜性技术的运用，而基础信息采集更侧重于对项目参与者及使用人群的沟通了解，调查信息主观性居多，在此基础上，需要在当地进行相关测试，包括民居建筑及室外环境气候环境测试等，并将信息进行量化，为营建策略提供客观的研究数据。

1）测试对象及内容

以四川省成都市大坪村的民居更新及村落环境提升项目为例，在当地进行了相关的测试。测试对象为当地一户传统木结构穿斗式的旧民居，平面布局为 L 形，采用生土墙作为分隔围护结构，其中内墙厚 200mm，外墙厚 400mm，房屋没有特殊的保温构造措施，每个房间向阳开设大窗，堂屋当中留大门。测试的内容包括卧室的室内空气温度、室内空气湿度、室内风速、厅堂内照度；室外空气温度、室外空气湿度；太阳辐射直射强度和散射强度（表 4.5）。室内外温湿度测点设置高度距地面 1.5m；壁面温度测点设于距地 0.4m 处，各项测点的平面位置如图 4.11、图 4.12 所示。

测试方案 **表 4.5**

测试内容	测试工具	数据采样范围、间距、方式
室内外温、湿度	175-H2 自计式温湿度计	7-22-19：00～7-24-19：00；每 10 分钟自动记录
室内风速、干湿球温度	热舒适仪	7-22-19：00～7-24-19：00；每 30 分钟自动记录
室内西、南内外墙壁温度	热电偶测温仪	7-22-19：00～7-24-19：00；每 30 分钟自动记录
室内照度	TES 1332A 照度计	7-23-07：00～7-23-19：00；每 30 分钟人工读数
卧室室内北、东两侧顶棚及地板表面墙壁面温度	红外测温仪	7-23-07：00～7-23-19：00；30 分钟人工读数
太阳辐射强度	TBQ-DT 太阳辐射电流表	7-24-07：00～7-24-19：00；30 分钟人工读数

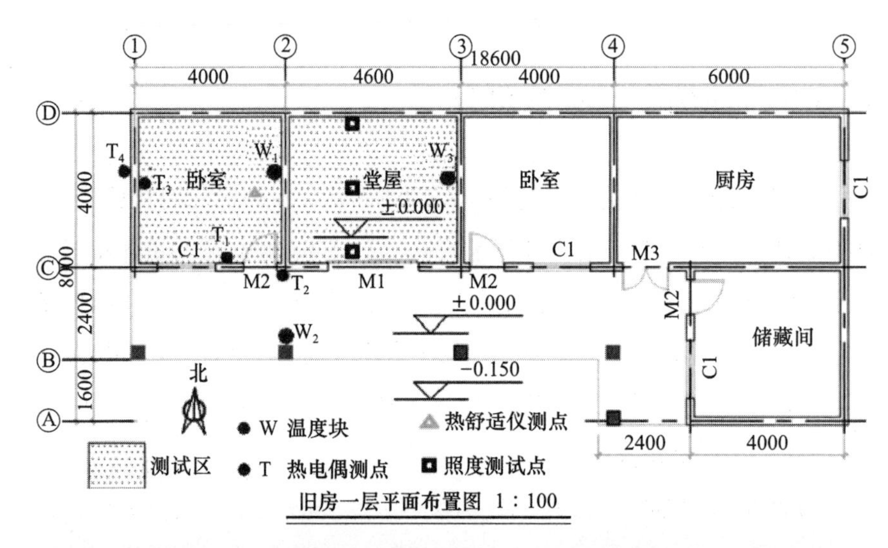

图 4.11 各项测点平面位置图

图 4.12 测试仪器

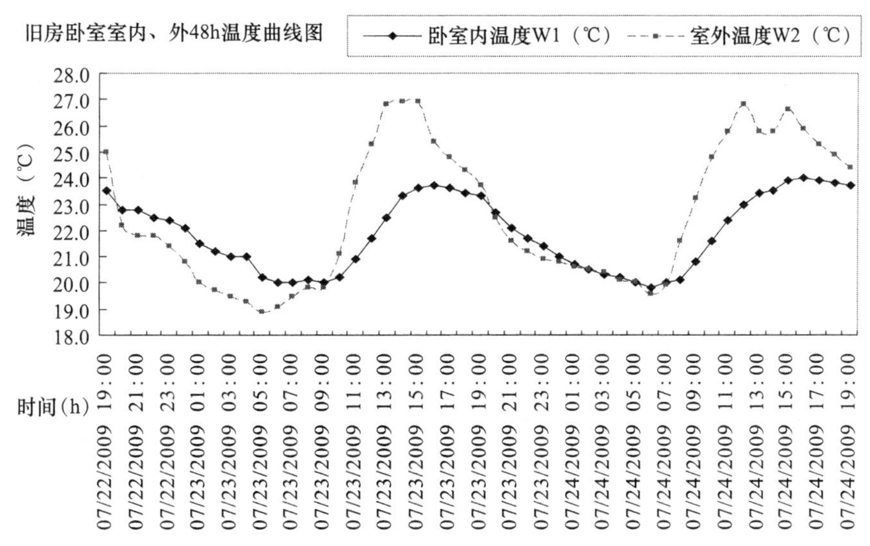

图 4.13 室内外温度曲线

2）室内外温度

2009 年 7 月 22 日的 19：00 至 2009 年 7 月 24 日的 19：00 之间，我们对当地的一个传统木结构的民居进行了测试（图 4.13）。从这 48h 周期测试可以看出，卧室内的最高温度为 24.0℃，最低温度为 19.8℃，分别发生在每天的 16：00 前后及 06：00-09：00，温差为 4.2℃，并不是太大；而室外的最高、最低温度分别为 26.9℃、18.9℃，分别发生在每天的 12：00-14：00 和 05：00-07：00，温差为 8℃。

从这个曲线图我们可以很明显地看出，民居室内外的温湿度变化基本上是同步的，最高温度与最低温度之间有 1～2h 的延时，这就可以说明建筑的围护结构对室内外温度起到了明显的阻隔延缓作用。

3）室内外空气湿度

图 4.14 是被测旧民居的卧室内与室外 48h 相对湿度曲线图。从两组曲线可以看出在每天 14：00 前后室内外的相对湿度最低，分别为 83%、56%；室内外最高的相对湿度为 91%、99%。由此可看出该地区的空气室内外相对湿度都比较高，属于典型的山地气候。

从图中可以看出，在每天 09：00-10：00 前后，室内外的相对湿度都开始下降，14：00 左右开始回升，这是当地的日出日落对温湿度的同步影响，所以，在当地进行设计时需要综合考虑防潮与通风问题。

4）太阳总辐射、直接辐射曲线

山区的天气情况复杂多变，因此，当地的太阳辐射、直射的曲线分布也不是很稳定。从测试结果来看（图 4.15），可以发现不论太阳总辐射量如何变化，总是在中午期间有最大值，而且高达 900W/m^2，且直射辐射占到太阳总辐射的 95% 以上。在测试的两天中，峰值分别出现在 14：00、11：00，说明该地区的太阳辐射的峰值应该有两个，并不是单一的正午出现极值，同时也说明该地区有充足的太阳辐射能量可以供我们在方案设计过程中利用。

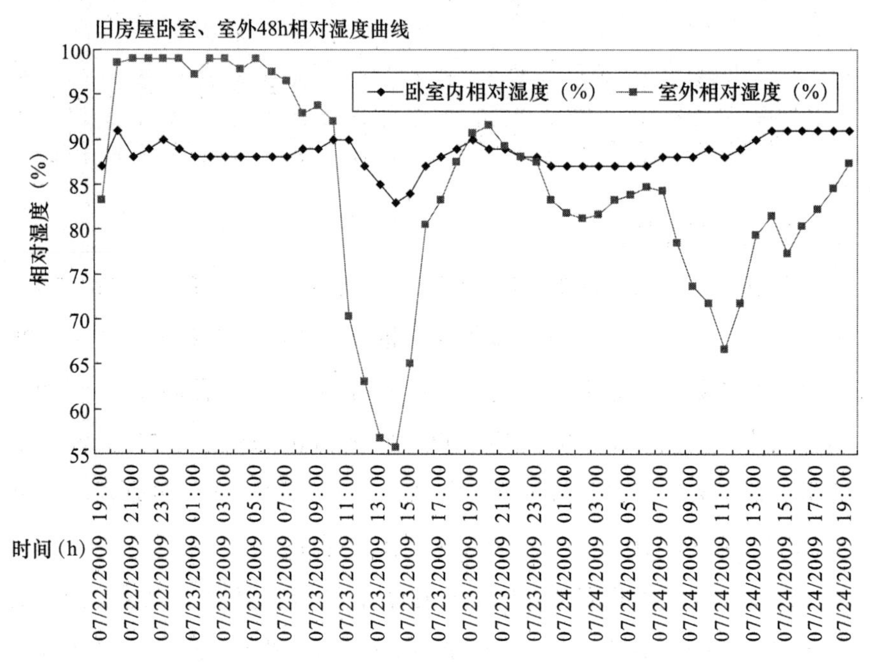

图 4.14　室内外空气相对湿度曲线

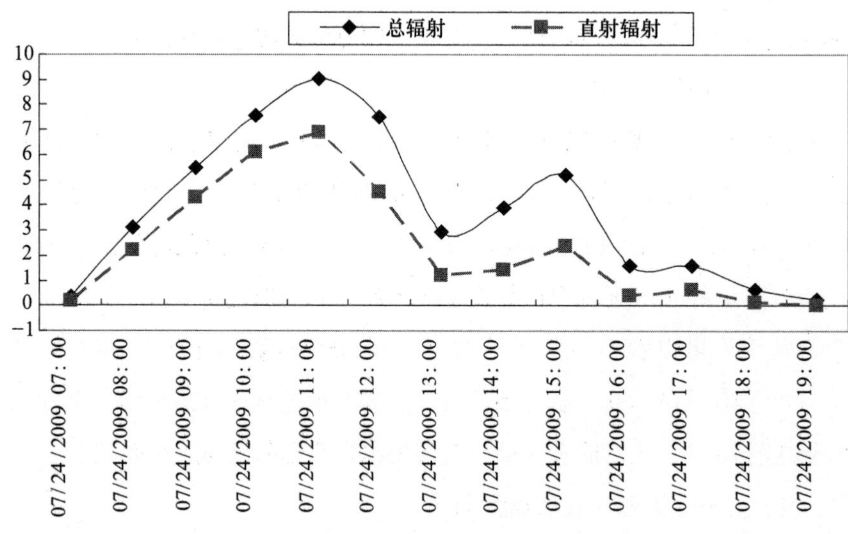

图 4.15　太阳总辐射、直接辐射曲线

4.3.3 现存问题分析

一般来说，构成环境的各类要素都会对人产生某种刺激，这些要素较为复杂，包括有形的、无形的、自然的、人文的，等等。这些元素有主次之分，主要元素决定了环境的性质，次要元素起到陪衬作用。

在基础信息采集及现场测试信息整合的基础上，对村民的需求以及现存问题进行综合整理与分析是进行有效规划的重要环节。该环节通过对管理者、居民以及相关使用主体需求的调研，结合区域各类资源的开发、使用情况，从不同层面将乡村建筑外环境的景观安全功能、生活休闲功能、生产交互功能、生态保育功能以及文化美学五大功能在不同尺度进行体现①。

将现场采集的图片、文字数据等信息进行图像转化，针对各层级中乡村建筑外环境营建的具体内容及营建现状，指出突出问题（表 4.6），可以为后续方案设计阶段提供依据。

乡村建筑外环境营建的具体内容　　　　表 4.6

层级	类别	具体内容
村域	土地利用的现状分析	分析土地利用现状及其优劣，主要从生境系统、利用类型、产业分区、居住环境的配置方面展开
	景观建设适应性评价	运用 GIS 等软件对乡村景观建设用地进行适应性解析，并通过叠图等方法，综合自然、社会等影响因素进行评价
	乡村人口与经济信息	核算区域人口密度、居民人均收入、经济增长率、产业优势、发展模式转型方向等信息
村落	自然与历史文化遗产分析	整理村落中自然与历史文化遗产的分布、使用与废弃现状、管理政策、保护要求等
	自然与人文景观脉络分析	通过村落的地形格局、聚落组团、街巷肌理、公共空间、景观节点等现状进行乡村景观的整体脉络分析
宅院	宅院特征分析	整理典型的宅院模式，分析空间特色、建筑墙体、屋顶、材质、色彩、形制等信息，依照上位规划要求及村民意愿，为宅院的更新改造、营建智慧的传承提供资料依据
	民居建筑评价	分析民居建筑的形式、建筑质量、安全指数、节能效用等，结合村民需求，对民居建筑的保护与更新进行有效判断

① 孙炜玮．基于浙江地区的乡村景观营建的整体方法研究［D］．

以四川省成都市大坪村民居更新与村落规划项目为例，通过实地调研发现并总结各层级中存在的突出问题，主要体现在土地利用、民居建设、出行道路及公共空间营建等方面。

1）土地利用

土地是人们赖以生存的基础，对于乡村来说更是最基本的资源。乡村中的土地利用主要分为农业用地（包括耕地、林地、池塘，以及农用的沟、渠、道路等）和建筑用地（乡村民宅、学校、工厂等）。

建筑用地：山地乡村独特的地理特点决定了山地民居布局呈分散状，村民根据经验和自己的经济状况进行房屋建造，一次或者多次建造，因此每户的住宅用地较大。

耕地：面积共 1343 亩，主要的经济作物为黄连，另外还种植玉米、土豆、李子、桃子、枇杷等。

林地：面积共 1800 亩，因此整个村落有丰富的自然景观。丰富的木材资源可以作为当地民居建造的主要原材料。

农用的沟、渠、道路：遍及全村的广大田间、屋旁，为当地村民的生产生活提供方便，但是均为土路，这也是山地乡村中存在的一个普遍现象。

2）出行道路

近几年来，乡村的交通状况有了很大的改善，但是在质量上、数量上仍然难以满足乡村经济的发展需要。

我们在大坪村进行调研的过程中发现，当地除了上山的一条主干道外，其余的道路不但陡而且窄，农用车辆通行十分困难，乡间的小路更是狭窄。在当地，村民宅前屋后的道路均为土路，每逢雨雪，道路泥泞，村民出行困难（图 4.16）。因此，对于当地的道路建设应当进行整体的规划，要最大限度地改善山地乡村的交通条件，同时也应保持适度的建设规模，这就要求确定一个合理的标准，注重环境保护和节约用地。

3）老房利用

随着近几年乡村的不断发展，乡村中的老祠堂、老学校、老公社、老民居不是任其雨雪侵蚀，自行倒塌，就是利用不当，浪费资源（图 4.17）。

图 4.16　乡间道路现状

图 4.17　大坪村闲置的旧房

4）公共活动空间

公共活动空间是对所有村民开放而形成的场合。自古以来，乡村中就存在着很多“公共活动空间”，如村口、（老）树下、晒场、水井、祠堂、庙宇、村委会等，还有各种乡村民俗节庆、婚丧嫁娶等仪式举行的场所，这些都可以成为乡村公共空间，是村民交流信息、消磨时光的自由开放的人际交往空间。乡村中的大小事务，从农业信息到修路挖渠，以及调解纠纷都在这里持续不断地生成、传播，构成乡村的公共意见和集体记忆。在调研的过程中发现，大坪村的公共活动空间较少，不便于村民特别是老人和儿童的日常使用（图 4.18），再加上乡村很少组织文艺、体育活动，村民的日常生活比较单调。

图 4.18　在道路上玩耍的儿童

4.3.4　营建目标确立

山地乡村建筑外环境的营建应当遵循外环境营建的一般原则以及特殊地区外环境营建的特殊原则。由于各地乡村环境现状以及自然资源等方面的因素会影响建筑外环境空间的发展方向，因此，西部山地乡村的建筑外环境营建应当确立明确的营建目标。

这一目标的确定是针对乡村环境未来发展方向的选择过程，需要综合乡村建筑外环境中的优势、劣势进行分析，扬长避短，发掘外环境中的资源潜力，使自然环境与人为环境有机融合，共同迸发空间活力（表 4.7）。具体的做法是，在对前期调研资料的主客观分析与建筑外环境质量综合评价结果的基础上，结合乡村居民的需求，在生产、生活、生态、文化等方面确立乡村建筑外环境营建的目标，使其在时间上满足中长期的规划方向。

营建目标的确立　　表 4.7

营建思维	传统营建模式中目标的确定	可持续视角目标的确定
规划倾向	更体现管理者的意愿	重视使用主体需求，综合研究人员、管理者等相关人员的意愿，多方位考虑，体现民主性
目标特征	相对笼统	结合生活、生产、生态及文化等功能，建立不同阶段的长期发展规划；对景观的多元价值进行定性及定量分析，体现科学性、全面性

4.3.5 营建策略提出

山地乡村建筑外环境营建策略是建立在信息采集、信息整合、问题分析以及营建目标确立的基础上的，最终目标是实现区域内环境的可持续发展，这一目标应当在环境功能上体现，然而，属于同一区域的不同乡村类型存在一定差异，因此，应当寻求共同营建目标下的乡村建筑外环境发展路径的差异。

针对西部山地乡村建筑外环境的营建，可以提出多个方案，根据建筑外环境质量评价标准进行整体评估、优势对比（表 4.8）。由于不同方案的规划视角、侧重点各有不同，因此设计者应当说明方案中营建目标在利益分配、空间格局中的具体体现，如何促成乡村建筑外环境内部构成及外部要素的有机协调，为后续方案的论证、抉择提供有力支撑。

规划策略拟定环节　　　　表 4.8

营建思维	传统营建模式下的策略拟定	可持续视角下的策略拟定
可选择性	单一方案，限制选择空间	提出多项方案，可选择、可比较
目标关联	针对管理者意愿进行策略拟定，较少提及营建目标，关联性较差	根据营建目标在不同方面的价值体现，对比分析，提出多项发展路径
营建优势	对外环境营建成果的收效分析较少	阐述不同方案的利益分配，明确不同营建策略的营建优势

4.4 本章小结

以往的乡村建筑外环境营建是在村民自发建造下实现的，整体发展较为缓慢，近年来，随着乡村振兴步伐的加快，乡村迎来了新的建设时机，在这一时代背景下，结合乡村居民的需求也成了乡村建筑外环境营建的一个重要内容，因此，西部山地乡村建筑外环境营建过程中，除了要考虑地形、气候等因素对于乡村外部空间特征的影响作用外，还应结合乡村居民的心理需求进行考虑。

本章结合建筑环境心理学相关的内容，从人的心理、思想及行为出发，综合考虑人的视觉、空间层次以及人与空间的关系等方面的因素，确立西部山地乡村建筑外环境在营建过程中应遵循的原则，并将建筑外环境营建过程进行阶段性划分，指出每个阶段存在的问题及具体任务，为后期根据营建目标提出针对性、可持续的外环境营建策略做好铺垫。

5

西部山地乡村建筑外环境营建策略与实践探索

——以四川省成都市大坪村为例

西部山地乡村建筑外环境的实践探索需要在遵循山地乡村规划、外部空间环境设计等相关原则的基础上进行。本章以四川省成都市通济镇大坪村为实践对象，在对大坪村村落整体环境实地调研的基础上，针对村落环境中现存的突出问题，结合西部山地乡村居民对于乡村各类空间的实际需求，提出适宜的营建策略并进行了实践探索，以创造出服务于西部山地乡村村民的外部环境空间。

5.1 项目及村落概况

大坪村位于东经 103° 49′、北纬 31° 10′，坐落在四川省彭州市西北 25km、成都以北 65km 处，地处川西龙门山脉之玉垒山脉的天台山、白鹿顶南麓，湔江之滨。东与葛仙山镇、楠杨镇、丹景山镇接壤，南与新兴镇以湔江为界，西临小渔洞镇，北靠龙门山镇、白鹿镇。全镇面积 73.5km^2，海拔为 805～2484m，是彭州市西北山区“三河七场”的中心。

大坪村整体自然环境优美，但是由于平地少、山地多，交通不便，收入渠道单一，基础设施滞后等原因，当地经济发展相对缓慢，此外，村落所处区域地震频发，居民安全深受威胁。针对这些问题，项目组在四川成都大坪村，通过实地调研以及问卷调查的方式了解了当地的环境状况及当地村民的意愿，从可持续的角度出发，在满足经济性、生态可持续与居民心理舒适度的前提下，在当地开展了提升村落环境的实践探索，以有效改善当地村民的居住环境、生活条件，并增强其心灵归属感。

1）自然环境

通济镇辖 18 个农业行政村和 2 个社区居委会，大坪村是其中之一。大坪村所在地海拔约 1600m，境内日照好，年平均气温 13℃左右，最高气温月为七月，约 22.1℃；最低气温月为一月，约 2.4℃。当地气候温湿，雨量充沛，年降水量为 1250mm 左右，主要集中在夏秋两季。村内山、丘、坝俱全，全村面积 8km^2，是一个典型的山村。由于当地夏季凉爽，且自然环境优美，因此也是旅游避暑的首选之地（图 5.1）。

2）聚落形态

影响聚落形态形成的原因，包括以下几个方面：

（1）自然环境的影响：对于聚落的整体布局以及当地的建筑形态等均有影响；

（2）经济技术的影响：即聚落形态的形成受生产方式以及生产力水平的影响，如城址的出现就需要一定的经济基础与筑城技术的支持；

（3）社会组织结构的影响：其中社会集团规模及其内部结构都会影响聚落的规划布局；

（4）传统文化的影响：传统文化是文明演化而汇集成的一种反映民族特质和风貌的民族文化，传统文化能够导致特定地域内不同时期的聚落形态常常具有一些共同特征；

（5）人文环境的影响：任何一个聚落的规划布局都应当考虑人文环境因素的存在，聚落的防御设施在很大程度上就是适应周围人文环境因素的具体方式之一。

在山地乡村，聚落的布局方式主要可以分为分散式和集中式两种[①]。所谓分散式，就是指在同一聚落遗址中，居住区相对比较分散，甚至相互之间存在着非常明显的界限，有时这种界限是通过自然地形来反

① 谭良斌．西部乡村生土民居再生设计研究［D］．西安：西安建筑科技大学，2007.

图 5.1　大坪村村落景观

映的。呈分散式布置的村落多建于海拔较高的山区（约在 2000m），受地理条件的限制，为了留出更多的耕地，此类乡村中的民居大多建于山腰（图 5.2），沿等高线分台建造，充分利用地形高差，争取生活用地，因此，村落内民居的布局规律性不强，具有随意性。有些民居甚至将台地包容在院落之中，村内交通主要靠踏步和坡道，这类村落规模一般不大，基本是由十几二十户形成。此外，还有一些村落沿着缓坡的山脚地带、土地较为肥沃、有充足的水源和耕地的地方集中分布，在这种布局方式的村落中，民居分布相对集中而且稳固。

图 5.2　山地聚落形式

大坪村所在地海拔约 1600m，由于山地原因，历史上一直分散而居，村民被山峦地貌的群山相隔，环境优美可是又相对闭塞，建筑完美融于环境之中，让人感到进入了世外桃源般的自然胜境中。

3）社会经济状况

大坪村地处通济镇的西北部，因山上有一“大坪”——谢家坪从而得名。全村共有 11 个村民小组，278 户，村民人口共计 900 人，村民基本为世代栖居的本地原住汉族居民。

大坪村现有耕地面积共 1343 亩，主要种植玉米、土豆、李子、桃子、枇杷，另外还有村民种植各种蔬菜，满足日常生活所需。由于温湿度适宜，因此当地村民的经济收入主要是靠种植黄连获得。另外，还有部分村民外出打工。

5.2　营建理念

在大坪村进行的建筑外部空间环境设计实践中，遵循“可持续的乡村环境”这一基本原则，将“以人为本、生态与可持续发展、文化、保持原有的生活方式”作为营建理念的核心，最终实现人工环境与自然环境的和谐共生。

5.2.1 以人为本

“以人为本”是我国科学发展观的核心内容。这一发展观明确把以人为本作为发展的最高价值取向，提出“要把不断满足人的全面需求、促进人的全面发展，作为发展的根本出发点”。从人类生活的大环境来看，这一大环境的组成部分包括自然、人、社会三个部分，因此，“以人为本”的本质是在不断寻求人与自然、人与社会、人与人之间关系的总体性和谐。

建筑外部空间环境营建的过程中考虑人的感知，以充分满足人的生理、心理、艺术审美等方面的需求。在建筑外部空间环境的表达中，通过富有创意的、尺度合理的设计，给人们提供多视角的环境空间和多用途的交流空间，提供大量人与人、人与环境对话的环境空间，从而实现环境景观的人文关怀。

在大坪村建筑外环境营建过程中提出“以人为本”的概念，其目的是在当地建立良好的人居环境，在这一营建过程中需要体现人与村的和谐关系，重视村民的主体地位，充分尊重村民的意愿、鼓励村民参与，建设与乡村生产生活相契合、与农民情感相共鸣的美好家园。此外，在营造和谐宜居村落环境的同时，还应当体现“老”与“新”的相互交融，因此，有魅力、有底蕴的乡村要素应当保护并继承，使村落原有的韵味焕发出新的生机与活力。

5.2.2 生态与可持续发展

外部空间环境的生态性和可持续性是社会经济发展的基础和前提。如果大环境遭到破坏，生态平衡被打破，人们的居住环境就会出现各类问题，如空气污浊、水质下降、耕地污染等，都会影响人们的正常生活。

在大坪村建筑外环境营建过程中提出“生态与可持续发展”这一理念，其核心内容就是进行建筑外环境营建时要尽量处理好气候、生物、资源等因素之间的相互关系。例如，考虑当地植物群落生长、繁衍，水分的蓄积、固土能力，鸟类的栖息，等等，在有限的空间实现生态效益的最大化。

在大坪村建筑外环境营建过程中融入生态、可持续的概念，也可以使村落环境更加丰富。例如，可以充分利用当地的自然风光，并在外部空间环境营造过程中引入当地特有的植物。根据调查，大坪村当地的洋姜花、杜仲、黄连等除了经济价值外还具有很好的景观效果，在村落的整体营建过程中可进一步整合这些资源。

5. 2. 3　发扬当地文化

文化是一个非常广泛的概念，从广义上来说指的是人类在历史发展的过程中不断创造的物质财富以及精神财富的总和，特指社会意识形态。从狭义上来说，文化指的是意识形态所创造出来的各种精神财富，包括宗教、信仰、习俗、文学艺术、自然科学、技术、制度、道德情操、生活方式、价值观以及行为规范等。笼统说来，文化其实就是一种社会现象，其产生是由于人们的长期创造，同时又是一种历史现象，是社会历史的积淀物。文化是人类社会特有的现象，由人创造，也是人所特有的，文化与社会是密切相关的，没有社会就不会有文化。

地方文化指的是与特定区域相联系的文化，它是一种可以反映区域的特质与风貌的文化，一般来说地方文化的范围有一定的局限性。在我国，乡村居民是一个庞大的群体，由于各地区宗教信仰、受教育程度、年龄等方面的差异，因此又可以分为不同的次级群体，从而形成不同的群体文化。我国西部地区的山地乡村相对于城市及平原地区的乡村来讲，其整体发展较为缓慢，受特殊的地理条件、生活习俗、观念理论等方面的影响，在很多乡村中就形成了特有的地方文化。

在大坪村建筑外环境营建过程中，一个创造性的理念就是将地方文化融入其中。例如：在村落环境营建中利用中药百草园来体现道家文化；利用原有的耕地来体现中国传统的农耕文化；对于建筑外环境的设计，力求复原中国传统的“榆柳荫后檐，桃李罗堂前”的居住理想；同时，兼顾中国传统的风水原则，处理好人与自然的关系。

5.2.4 保持原有的生活方式

生活方式指的是不同的人或者群体在一定的社会条件的制约和价值观念的影响下所形成的可以满足自身生活需要的全部活动形式以及行为特征的体系。简单来说，生活方式指日常生活领域的活动形式与行为特征，一个人受情趣、爱好以及价值取向的影响所表现出来的独特的生活行为，具有鲜明的时代性和民族性。生活方式是生活主体与一定的社会条件相互作用而形成的活动形式和行为特征的复杂有机体，其基本要素分为三个部分：生活活动条件、生活活动主体以及生活活动形式。

在人类发展的过程中，特定时代的社会生产力决定了人们的生活活动条件，从而影响人们的生活方式。当代科学技术的不断提高和生产力的迅猛发展，是改变人们生活方式的直接原因；同时，人们的生活方式也受地理环境、文化习俗、人文意识、社会背景、民族以及心理等众多因素的影响，呈现出丰富多彩的特色；此外，人们的经济收入、消费水平、人际关系、家庭构成、文化程度、职业特点以及社会服务等条件的差异也是影响人们生活方式的重要因素。

生活方式的主体分为个人、群体以及社会三个层面。一般来说，任何个人、群体以及社会成员的生活方式都是作为有意识的生活活动主体的人的生活方式。由于人具有创造性和主观能动性，因此，即使在相同的社会条件下，不同主体的生活方式也不相同，由此可见，生活活动主体在生活方式构成要素中具有核心地位，尤其是在现代社会，现代人的生活方式具有明显的主体性。生活方式中的生活活动条件与生活活动主体相互作用，必然外显为一定的生活活动形式。不同的职业特征、人口特征、组织结构特征形成特有的生活模式，最终会以某种生活活动形式表现出来。

生活方式对人们的消费以及社会发展有着巨大的影响，因此人们把它置于与世界观和价值观相仿的地位。所有的生活方式都是与空间密不可分的，尤其是在山地乡村，村民的生产、生活都与空间方面的因素有关，这也表明了运动与场所的关系。

从根本上讲，是生活和生产造就了丰富的环境特色。因此，乡村的建筑外环境营建不应以改变人们的生产、生活方式来实现。正是生活的需要和人们的心理需求使得建筑和自然环境成了有机的统一体，使环境的生成有了可能并且以此而成为地域性极强的反映地方生活方式的载体而具备特殊的旅游和观赏价值。因此，在提升大坪村村民居住环境的同时基本保留其原有的生活方式，使村民的风俗习惯和生活起居都成为乡村外部空间环境营建的一部分，同时使村落环境因为有了人类的活动而充满生机。

5.3 适宜的营建策略

乡村的建筑外环境指的是乡村各类民居周围的环境，这一范围由民居的功能及特点来决定。因此，在针对西部山地乡村的建筑外环境提出的营建策略中，课题组将相关的绿色技术及生态技术运用到乡村民居及其周围的环境营造过程中，提出了适宜的营建策略，从地域性、生态性、可持续发展性以及高效利用等方面进行了思考，并提出了原生态设计、人性化设计、循环可再生设计与公共参与设计策略，以实现乡村的可持续发展。

5.3.1 绿色技术策略

人们可以用土、木、石、钢、玻璃、树枝、冰块、塑料等各种材料进行各类空间的营造，这些“空间”从最初的简单、简陋到今天的舒适，也算经历了从低级到高级的转变。随着人们生活水平的不断提高，越来越多的各种“空间”在满足着我们不同的需求，而我们周围的环境也在发生着变化，我们逐渐意识到在追求人工化带给我们的各种空间的同时，更重要的是追求长久的、可持续的人居环境，因此，发展绿色技术是解决当今环境问题的重要途径。

绿色技术中的“绿色”，指能减少污染、降低消耗和改善生态的技术体系，并不是指一般意义上的花园建造或局部绿化，它是一种概念或象征。绿色技术是由相关知识、能力和物质手段构成的动态系统。在西部山地乡村进行外环境营建策略相关研究，核心在于将有关保护环境的知识、改造生态环境的能力及物质手段三个要素结合在起来构成现实的绿色技术，具体包括以下内容：

1）地域策略

地域化策略简单来说就是基于地域特色的设计方法，这种设计要从解决人们的生活问题出发，顺应精神文化的需求，同时要依附于功能、传统的地域艺术和文化，用适宜的形式表现出来。乡村建筑外环境营建的目的就是要创造一个良好的环境。一个良好的环境首先要有良好的景观效果，另外还应当体现出地域性特点。地域性内涵丰富，包括地方材料的选用、地区文化的渗透、识别性空间的创造等方面。

（1）地方材料的应用

体现乡村建筑外环境空间特色的做法之一就是应用地方材料。乡村民居建设及其外部空间环境营建过程中，菜园、果园、河滩、广场、院落等空间可根据区域的地形地貌进行整治、规划，适当配套。这些空间既有自然野趣，又具有休闲、娱乐功能，在让人放松心情的同时可以促进当地生产发展。

在此过程中，还应考虑各地方材料的应用，特别是在山地乡村，选取地方材料对于降低运输费用、节约能源有重要意义，在后期使用及维护过程中也可以减少费用。如土坯、毛石、木材、青瓦等材料，都可以创造出具有地方特色的建筑及室外空间。

因此，对乡村中具有历史价值或文化传承较强的建筑应当加以保护并进行修复，使其与当地环境更好地融合；对于闲置的建筑，可以进行适当的改造使其充分发挥空间作用。

（2）地方特色景观的创造

乡村建筑外环境设计还要考虑当地的特色，将地区特有的文化符号充分运用于设计中，以创造一个有特色的、有层次的乡村外部空间环境。如乡村生态景观绿地在外环境营造中属于具有地方特色景观的部分，只有对这一重要的景观要素进行合理利用才能更好地体现出当地的特色[①]（表 5.1）。例如：山东费县芍药山乡的规划中，当地将芍药作为乡村生态景观中突出表现的典型植被，不但美观大方，而且体现出了地方特色，"芍药"与"芍药山乡"结合起来，给人留下深刻的印象。在大坪村进行的建筑外环境营建过程中，将能体现当地生态景观的植被进行统计，并在后期的设计中进行了应用。

（3）识别性空间的创造

自新农村建设开始，各地乡村的建筑外部空间环境出现了相似性、雷同性以及无特色性等问题，因此，当前的乡村外部空间环境营建越来越重视地域性设计。地域性设计的重点内容就是要创造具有识别性的外部空间。山地乡村最大的特点就是具有山地特色的自然景观，因此，山地乡村外部空间环境营建活动应当在保护地方特色的前提下，从山地乡村的风俗习惯、生活习惯出发，创造出具有山地乡村特色的外部空间环境。例如，可以通过各类小品设施的设置来引导人们、区分空间，结合当地的特色创造出独特的水体景观、特色广场等易于为人们识别的外部空间环境。

现阶段，在乡村进行外部空间环境的相关研究及营建活动的目的不是要削弱乡村特色，也不是要将乡村向着城市的方向发展，乡村的外部空间环境营建应当坚持城乡地域空间分开的理念，使乡村外环境能够显

村绿地分类 **表 5.1**

类别名称	内容与范围	备注
公园绿地	向公众开放，以游憩为主要功能、兼具生态、美化等作用的绿地	包括小游园、沿河游憩绿地、街旁绿地和古树名木周围的游憩场地等
环境美化绿地	以美化村庄环境为主要功能的绿地	
生态景观绿地	对村庄生态环境质量、居民休闲生活和景观有直接影响的绿地	包括生态防护林、苗圃、花圃、草圃、果园等

① 符气浩．城市绿化的生态效益［M］．北京：中国林业出版社，1995.

示出当地地域特色。受地形影响，山地乡村的整体布局和平原村落的布局形态有明显的区别，山地乡村的外环境营建应当结合山地的地域特色、地形变化特点来进行，以营造出独特的乡村空间环境，使山地乡村的外部空间环境区别于平原乡村，区别于城市。

简单来说，创造易识别的空间是尊重自然的设计。在建筑外部空间环境的营建过程中应当强调人与自然的共生关系，从地形、地貌、气候、当地植物等方面综合考虑，在尊重自然的基础上创造出可以满足人们多种需求的外部空间环境。

2）可持续发展策略

概括来说，可持续发展包括了两个最基本的方面：发展和持续性。发展是前提、是基础，持续性是关键，没有发展，也就没有必要去讨论是否可持续了；没有持续性，发展行将终止。因此，可持续发展是发展与可持续的统一，两者相辅相成，互为因果，可持续发展主要包括生态环境可持续发展、经济可持续发展和社会可持续发展。

（1）生态环境可持续发展

可持续发展强调环境的可持续性，并把环境建设作为实现可持续发展的重要内容和衡量发展质量、发展水平的主要标准之一，这是因为现代经济、社会的发展越来越依赖环境系统的支撑，没有良好的环境作为保障，就不可能实现可持续发展①。

生态环境意识是人类文明进步的标记，人的素质提高、人的观念转变是实现生态环境可持续发展的关键。在乡村建筑外环境设计中要体现生态持续性，应当以生态的环境设计为基础，遵循生态学的相关原理，结合当地的地域特色、文化、习俗、自然规律，以生态设计策略为准则进行外环境的设计实践。

（2）经济可持续发展

可持续发展的目标就是发展经济、改善经济状况、提高人们的生活质量，不断满足人类的需求和愿望。因此，实现经济的可持续发展就是可持续发展的核心内容。

经济可持续发展是一种合理的经济发展形态，是通过可持续发展战略的实施，使经济可以形成可持续发展的模式。面对我国严峻的环境问

① 戴晓明．试论环境保护与可持续发展的关系思考［J］．城市环境，2011.

题、资源短缺状况，经济的可持续发展越发显得迫切。

从当前各地乡村经济的发展来看，没有一个良好的乡村生态环境，就不会有持续发展的农业，更不会有持续发展的乡村经济，好的生态环境是乡村经济发展的重要前提。因此，在我国建设及发展过程中，乡村经济的可持续发展是当前首要任务，也是国家稳定、发展的保证和基础。

（3）社会可持续发展

可持续发展实质上是解决人类与大自然如何和谐共处的问题。人们首先要了解自然和社会变化规律，同时，人们必须有很高的道德水准，认识到自己对自然、对社会和对子孙后代所负有的责任。因此，提高全民族的可持续发展意识，认识人类的生产活动可能对人类自身环境造成的影响，提高人们对当今社会及后代的责任感，增强参与可持续发展的能力，也是实现可持续发展不可缺少的社会条件①。

社会可持续发展的重要内涵包括：资源的持续利用和生态系统可持续性的保持。它要求人们根据可持续性的条件调整自己的生活方式，在生态可能的范围内确定自己的消耗标准。因此，在乡村外部空间环境的营建过程中，应做到合理开发和利用当地的自然资源，保持适度的人口规模，处理好经济发展和环境保护之间的关系。其核心思想是对社会文化、生态资源进行平衡考虑，落实到乡村建筑外部空间环境营建中的具体表现包括：

① 研究乡村外部空间环境的发展规律，寻求当前村落环境与传统村落环境、当前村落环境与未来村落环境之间良好的连接点，保证现实环境的高质量与和谐，使之能在今后数十年乃至百年中良好发展。

② 加强乡村环境保护及治理可推动社会可持续发展。在乡村建筑外部空间环境的营建过程中，除了重视人工环境的创造外，还要重视自然环境在村落空间环境中的重要性。在强调人工要素与自然要素的和谐与共同作用的同时做好环保理念的宣传，避免走先污染后治理的老路子，使得村民从根本上意识到环境保护的价值，推动乡村的可持续发展。

① 李璋．论可持续发展与环境法的更新［J］．法治与社会，2009.

3）高效利用资源策略

人类生存发展的前提是有必需的资源。在我们的生活中很多不可持续现象都是因为资源的不合理利用引起生态系统退化而导致的。

人类社会过去一百年的物质文明发展已经远远超过了过去几千年的文明，而这种发展是靠大量的资源支撑起来的，资源利用率的提高在很大程度上可以表现出一个时代科技的进步。在这个大背景下，对于可再生资源的利用应在其能承受的限度内进行，尽量保护生态系统的多样性以利于可持续利用；对于不可再生的矿产资源等，要尽可能地提高它的利用率以减少浪费，并尽量使用可再生能源或相对丰富的能源，同时应当加强对太阳能、风能等天然清洁能源的开发利用，以减少对不可再生能源的消耗。

资源高效利用的一个重点就是循环利用。例如：在我们日常中，洗完手或者蔬菜、水果的水可以用来冲洗卫生间，垃圾进行分类处理后可以重新利用，这些都是资源高效利用的实例。循环利用是保持建筑外环境中生态系统再生能力的重要原则，它既是当今建筑外环境设计的手段，也是实现建筑外环境生态化的目标。在山地乡村外部空间环境营造的过程中，提倡资源的高效利用可以减少人们对资源的浪费、滥用，同时可以大大减轻环境污染。例如，可以发展立体农业，将立体种植、养殖、沼气开发等环节进行有机结合，实现资源的高效利用同时减小对环境的污染。

5.3.2 生态设计策略

山地乡村建筑外环境营建，最终目标是实现环境的可持续发展，因此，乡村的外环境设计应当以生态化设计为基础，遵循生态设计的相关原理，尊重地域文化、民族文化，节约自然资源，依据生态化设计原理，总结出山地乡村外环境的设计策略：

1）原生态设计

一般来说，在城市进行外部空间环境设计，往往是综合考虑了人的生产、生活等各方面需求的。但是外环境的实现并不是某种模式、某种标准的产物，在社会发展、人们生活水平不断提高的过程中就出现了各种各样新的要求，例如环境保护、能源节约、回归自然等理念、要求的出现，使得我们在进行外环境设计时就应当综合考虑“原生态”这一重要因素。

一切在自然状况下生存下来的东西称之为原生态①。原生态设计是一种通过减少对自然的人工干扰，使自然保持原来的形态和结构的设计方法，是基于外环境设计中出现的原生态现象而提出的一种设计理念，也是出于对自然界的保护而采取的一种有效措施。

山地乡村土地充足，其外部空间最大的特征就是由田地、林地组成的开阔的、独特的景象，它散发着浓浓的乡土气息，有着原始的乡土形态。因此，在山地乡村，外环境设计实践应当在尽量保护原生态景观的前提下进行，尽可能不进行过分的干扰和变动，可以顺依地势，重点体现其最佳的特征，弱化不太理想的地方，尽量不破坏原始的生态氛围，使人工的设计与自然形态进行最佳的结合。例如，山地乡村中的篱笆墙、果园、农田，甚至远处的山峰、湖泊、地平线都可成为设计的条件和因素。

2）人性化设计

人们对自然界进行改造，其目的就是给生活于其中的人创造良好的生存条件和良好的生活环境。在这个创造的过程中，我们应当做到尊重人、关心人、理解人，不断满足人的全面需求，以促进人的全面发展，综合考虑自然、社会的因素，最终实现人与自然、人与社会、人与人的和谐发展。在外环境设中以人为本，指的就是应当将满足人的心理和生理的需要放在第一位，对建筑的外部空间环境进行合理的设计、安排和组织，确保人们在使用时具有安全性、便利性和高效性，使人们在这个环境中能够轻松达到目的。

3）循环再生设计

一般来说，生态建筑能够很好地体现循环再生理念。对于乡村建筑外环境营建，循环再生设计指的就是通过对资源的循环再利用，解决现阶段乡村出现的各种环境问题。例如，可以在乡村实施乡村清洁工程，推进人畜粪便、农作物秸秆、生活污水和垃圾向肥料、燃料、饲料的资

① 韦柳媛．“原生态”的原生态追问［J］．十堰职业技术学院学报，2008.

源转化（三废三料），实现经济、生态和社会三大效益。通过集成配套推广节水、节肥、节能等实用技术和工程措施，净化水源、田园和家园，实现生产发展、生活富裕和生态良性循环、和谐发展[①]。

4）公众参与设计

“公众参与”这一概念源自于美国，原指在社会分层、公众需求多样化的情况下而采取的一种协调的对策[②]。这里提到的公众参与设计指的是使用者与设计者共同参与到外环境的设计中来，其目的就是使设计的目标更加明确、集中，这也是让公众感受亲和、享受自然的最好途径。

良好的建筑外部空间环境的服务对象是广大人民，环境的好坏与人们的利益密切相关，因此，建筑外环境在营建过程中就需要有公众的参与。我们可以通过调查问卷、现场交流等方式了解人们的看法和建议，从人们最关心的、最迫切希望解决的实际问题入手。

在山地乡村，应当尊重村民的生产、生活习惯，尊重村民的意愿，听取村民的意见以及要求，使村民真正意义上参与设计，因为只有提高村民的决策参与度才能充分调动村民的自觉性和积极性。但是“公众参与”并不等同于“完全放任自流”，乡村居民的文化程度普遍较低，也缺乏考虑长远规划的能力，一般来说比较注重眼前的利益，因此，设计者应起到良好的引导作用，避免造成长远利益的损失。例如，在外环境的设计过程中可以让村民对其外部的空间形式、局部建造希望采用的结构、材质、色彩等提出一个简单的构想，随后在整体设计、实施的过程中加以改进，将村民所希望的各种元素加入其中，最终营造出理想的外部空间环境。

① 徐明．农业部推出“乡村清洁”工程．农村工作通讯，2007.

② 李匡．新农村规划建设中“权威主义”与“公众参与”的思辨［J］．城市环境设计，2007.

5.4 整体规划与布局方式

西部山地地区适宜的建筑外环境营建策略的提出有利于当地建筑外

环境的可持续发展。四川省成都市大坪村位于西部山地地区，分散式的村落布局特征具有一定的特殊性及代表性。在大坪村进行的建筑外环境营建主要内容包括：村落的选址及整体布局，“居住堆”概念规划，庭院、广场空间规划，基础设施建设等。

5.4.1 选址意向

选址是指建造之前对地址进行论证和决策的过程，要综合考虑设置的区域及区域的环境和应达到的基本要求，以及具体地点与方位。相对于其他因素来说，选址具有长期性和固定性。当外部环境发生变化时，其他影响建筑的因素都可以进行相应调整，以适应外部环境的变化，而选址一经确定就难以变动，因此从村落到建筑单体的选址从长期性来说十分重要。

大坪村整体规划采纳了中国古人“天人合一”的理念，并将这一思想贯穿村落的选址、布局与营造的全过程。整个村落空间塑造强调顺应自然、因山就势、因材施工等原则，尽量保护自然生态格局与活力，巧妙利用地势分散布局，组织自由开放的环境空间。凭借优越的地理位置，村民进行就近重建，科学选取有利的风土、气候、视野、方位、环境等，以人为本，尊重环境，力求做到人、建筑、环境的和谐统一。这种强调“人与自然和谐统一”的思想，以不破坏土地生态经济系统为基本前提，在土地生态环境容许的范围内进行整理，以解决土地整理中生态环境方面已暴露和隐藏着的危机。

5.4.2 “居住堆”概念

受山地影响，大坪村的村落规划最大的特点就是散点布局，历史上一直分散而居，村民被山峦地貌的群山相隔，环境优美可是又相对闭塞，建筑完美融于环境之中，犹如世外桃源。为了不破坏当地环境，配合旅游经济开发，通过对整个村落的分布调查，设计以“居住堆”概念的形式进行（图 5.3）。

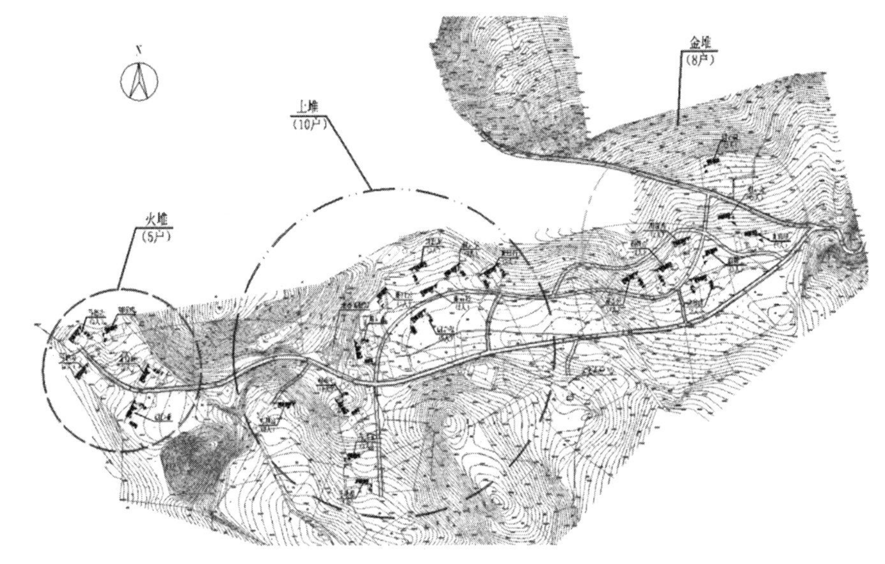

图 5.3 家园布置与公共空间

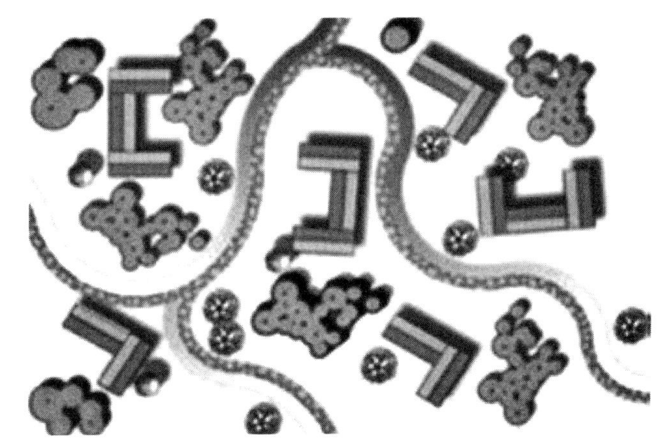

图 5.4 居住堆环境概念规划

“居住堆”是 6～7 户人家散落形成的一种形态，这种形态适应山地乡村的地理特点，其中，有排水的明沟从农户之间随意穿过，这些明沟一方面可用来排水，另一方面也成为湿地系统的一部分（图 5.4）。

5.4.3 庭院空间

不同地区的传统民居是地域文化的重要组成部分，具有明显的时代和地域特征。从建造之初，建筑与其地域之间就存在一种相互依存的关系，受到地域、文化、审美等各方面的影响，不同地区的民居不仅能反映其时代特征，也能反映其所处区域的地域特征。

为了得到充分的采光、通畅的空气以及内部封闭的自由空间，古人在自己的住宅之中营造出一块露天的场所，这种场所在建筑中称作庭院。在中国传统的居住建筑中，庭院是不可或缺的重要组成部分（图 5.5），其作用不容小视，它最直接的功能就是改善建筑内部空间环境。传统民居中的庭院多采用中国特有的造山理水手法：可以通过对植物、山水等与民居的有序结合，构成一个“虽由人作，宛自天开”的景观空间，以愉悦人们的感情，调节并改善民居内的小气候，也使民居内具有浓厚的乡土生活气息。同时，作为传统民居中的一个重要过渡空间，庭院空间联系着建筑内部空间与外部空间，人们在这个空间可以随时享受不同的日照和光影，在其中劳作、休憩、交流。庭院不同的围合方式形成了极具情趣、令人赞叹的外部空间。

山地乡村地域辽阔，庭院的形式可以不受限制，因此就出现了多种形式：有用树木花草环绕居所、用绿篱围成院子的，也有不刻意进行围合，以现有建筑所形成的空间形式与周围自然环境结合，在不影响日常生活、生产的前提下形成的院落（图 5.6）。

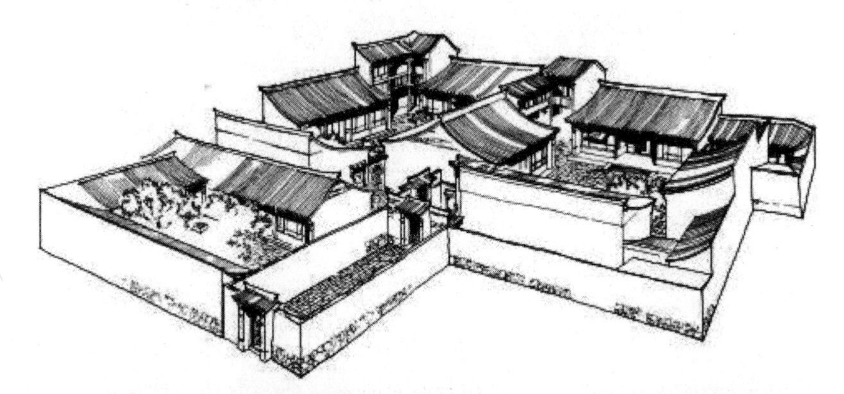

图 5.5　中国传统庭院形式

图 5.6　院落围合的形式

5.4.4 广场概念规划

广场是指面积广阔的场地，特指城市中的广阔场地，是城市道路枢纽，也是城市中人们进行政治、经济、文化等社会活动或交通活动的空间，通常是大量人流、车流集散的场所。在广场中或其周围一般布置着重要建筑物，往往能集中表现城市的艺术面貌和特点。

在乡村，尤其是偏僻的山地乡村，广场还是一个奢侈品。随着我国乡村经济的不断发展，人民生活水平的提高，乡村居民对精神文化生活的需求加强，他们也需要有一些可以满足其各类娱乐、聚会需求的场所（图 5.7）。因此，近几年来，我国很多地区的乡村中建设了各类广场，这些广场实际上已成了乡村文化建设中的“多功能场所”。具体而言，乡村中的广场可分为以下两大形式：一是用于娱乐、体育、竞赛、经贸等竞技活动的广场，二是用于展览、节庆、民俗等文化展示的广场。

为了丰富大坪村村民的日常生活，在新建的居民区中心设置了一个广场，取“乐和”的“快乐和谐”之意，将广场定为“乐和广场”（图 5.8）。整个广场由一个大的主广场、一片树林和一个健身区组成，主广场周围是五个文化展示区，包括道家文化展示区、儒家文化展示区、农艺文化展示区、本地文化展示区及汉字展示区，主广场周围有水流穿过并配以散种乔木，在突出广场生态理念的同时兼具功能性与文化内涵（图 5.9）。

图 5.7　村民平日集中场所

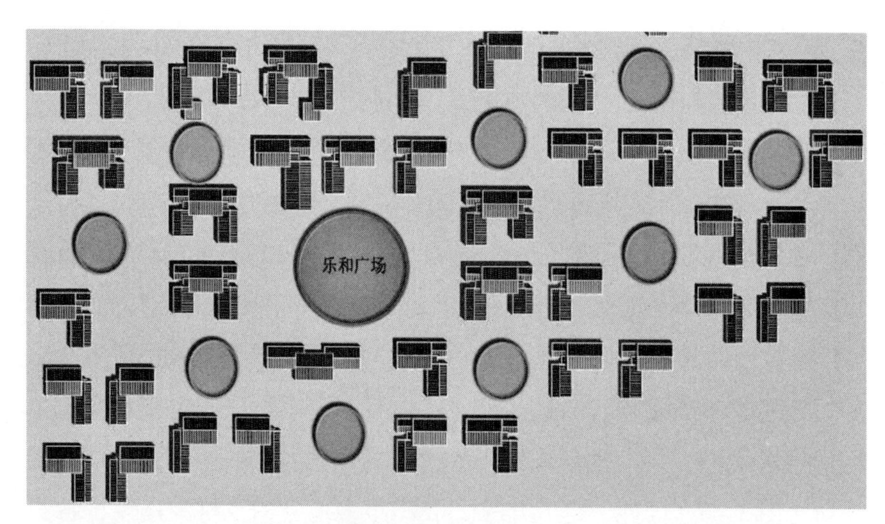

图 5.8 新建民居与广场的关系

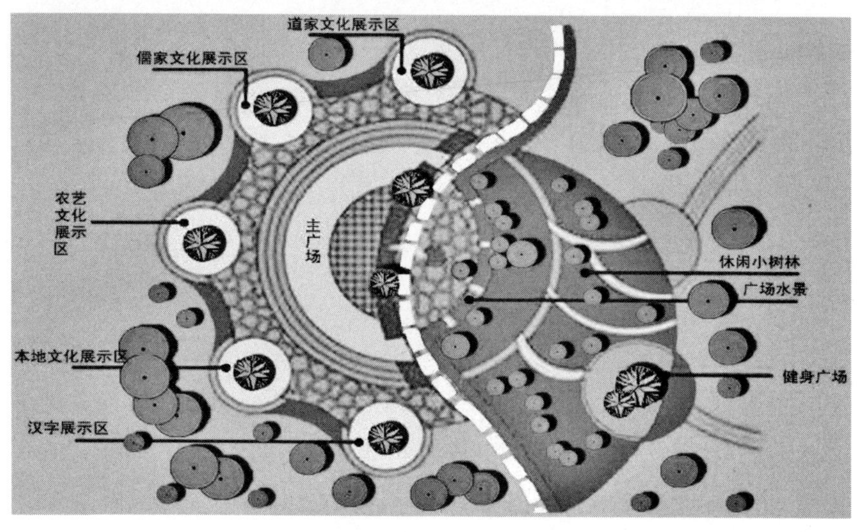

图5.9 “乐和广场”概念规划

5.4.5 植被与小品设置

在大坪村的建筑外环境营建过程中，尽量不改变原有的自然风貌，以山泉流水与民居群围合的空间为设计重点，增加环境的亲切感、舒适感及观赏性，从而提升环境的整体品质，营造出自然、轻松且突出地域特征与文化内涵的村落空间环境。例如，结合地形起伏以及民居的错落，设置山泉飞瀑、景观平台，使之远眺俊俏奇秀的龙门山远景，近观繁花绿树掩映下的山石、泉水溪流。流水拥绕村落一侧，流经木栈桥，涌向利用地形高差布置的跌水，发出欢快的乐声。此外，在村口架设一座具有标志性和导向性的水车，慢转的轮盘与飞溅的水花，营造出视听的田园景致。

多户民居围合出的“居住堆”空间与空间中已有的自然山石及丰富的植被，形成了一个可供村民驻足、休憩的自然花园。同时，在村落中设置木雕图腾柱，并在其上雕刻古老传说、风俗人情以及历史的文字记载，由此透视传统文化，使区域景观意象得到精神升华，并在景观视野较好的地点设置景观亭（图 5.10）。此外，利用当地的岩石铺砌小径，蜿蜒分布在各农户之间，结合道路设置标识牌、路灯等设施（图 5.11）。

此外，在大坪村逐步完善道路交通、电话、电视、网络系统，让居民及游客在世外桃源的乐和家园亦能获得更多的信息，促进山地乡村的经济发展，不断提高居住质量与生活水平，最终实现生态脱贫、信息脱贫与经济脱贫。

图 5.10　正在建造的景观亭

图 5.11　垃圾桶、告示牌设置

5.5 建筑对外环境的影响

图 5.12 建筑与环境的融合

建筑是不能孤立存在的，因为从本质上来说，建筑是人工创造的环境的一部分，也是整个外环境的基本组成部分，建筑的空间形式决定了外部空间环境的最终效果。对于处在一定的环境之中的任何建筑来说，不同的环境对于建筑的影响是不一样的。所以，在进行建筑设计时就需要周密考虑建筑与环境之间的关系，使设计出来的建筑能与周围的环境相协调，最好能和周围的环境融为一体（图 5.12）。如果可以做到这一点，就能大大提高建筑的艺术感染力；反之，不论建筑本身有多么完美，也不会取得很好的效果。

一个好的建筑既是一个招牌也是一个装饰物，它应当与环境一起生长，在环境中体现其功能。大坪村的新建民居在考虑形式、材料、布局之外也应考虑与周围环境充分协调，目的是使民居在山地乡村这一特定的条件下，在与环境的强烈对比中求得整体美。

5.5.1 适宜的建筑结构

大坪村地处山地地区，当地的森林资源较为丰富，因此，当地传统的民居大多为木结构形式。在我国，木构建筑的结构体系主要有穿斗式（图 5.13）和抬梁式两种。

穿斗式木构架又称为“串逗”式木构架，其特点就是用穿枋将柱子串联起来，形成一榀榀的房架；檩条直接搁置在柱头上，沿檩条的方向，再用斗枋将柱子串联起来，由此形成一个整体框架（图 5.15，图 5.14）。穿斗式结构体系具有用料较少、山面抗风性能好等特点，当地传统民居大多采用这种形式。但随着工业化以及城市化的影响，山地村民在建造新民居时更多的是参考城市的建造方法，但由于缺乏整体规划以及技术指导，往往存在安全隐患，同时也破坏了乡村的整体氛围。大坪村的新建民宅大部分采用传统的土木结构，部分民居考虑到防水、防震的需求，建造过程使用了轻钢龙骨，村民可以根据各家的人口结构及经济状况选择一层、一层半或两层的形式（图 5.15）。整体来看，新民居施工简单、建造手法古朴但很实用，同时又透着现代建筑技术与时代精神的灵秀之韵。

图 5.13 传统的穿斗结构

图 5.14 当地的穿斗结构民居

图 5.15 大坪村的新建民居

5. 5. 2 独特的建筑形式

我国传统民居最大的特点就是具有较好的景观效果，在山水景观丰富的山地乡村环境中，这种景观效果更加明显，因此，当地民居的建造需要把握两个原则：得体合宜，巧于因借[①]。大坪村新建民居的形式结合了当地汉族民居形式，屋顶设计为双坡等坡屋顶和不等坡屋顶以及单坡屋顶；墙可分为木骨木板墙、木骨竹篱墙以及木骨竹篱糊土墙几种形式。新民居的底层大多由竹篱糊土墙围护，虚实对比强烈，二层较通透，一般做储藏之用（图 5.16）。

新民居体量轻盈飘逸，与苍茫的山地环境有机融合，形成了独特的民居空间形态，远远看去，那厚黄色的竹篱墙，褐色的木构，青色的屋瓦，在微风习习的林间散发着温馨的暖意。整体来看，民居完美地融于环境之中（图 5.17，图 5.18）。

① 得体合宜，语出《园冶・兴造论》："妙于得体合宜，未可拘率。"此语是对园林设计的理想状态的描述，对于景观意蕴丰富的民居建筑的营造也具有指导意义。"得体合宜"就是既要遵循一定的章法、格式，又要灵活地因地制宜。

(a)传统民居中设置的外廊

(b)大坪村新建民居对外廊的改进

图 5.16 民居建筑中外廊的设置

图 5.17 大坪村新民居方案图

图 5.18 正在施工中的新民居

图 5.19　大坪村村落局部效果图

新建民居依山就势，不占耕地进行建造，可以保护村落的自然生态和环境特色。从生态角度来看大坪村的外部空间环境，民居布局错落有序，与周围环境形成"隐中有显"的关系，体现了绿色景观自然的特征，通过显露自然，唤起人与自然的天地情感联系（图 5.19）。

5.5.3　丰富的建造材料

在具有典型地域文化特色的地区进行民居设计及建造时，应尽可能采用当地的乡土材料、绿色建造材料，尤其是可循环再生的建造材料。这样，建筑在使用过程以及后期的维修过程中不会对当地环境造成较大的影响。

大坪村水秀林茂，周边竹林资源较为丰富，竹加工简单易行。竹子作为墙面围护材料简便、透气，易与山林景观和谐一致，因而在当地的传统木结构民居墙面维护中广泛使用，历史上亦因此形成了各式竹笆墙（图 5.20）。遵循就地取材原则，大坪村的新民居沿袭当地传统的木骨架结构，并在新民居外墙上使用竹子。

经调研发现，当地冬季室内的温湿度与室外接近，民居的围护体系存在着缺陷，主要原因是门窗与木板围护墙体太简陋，因此居民有两个月需要烤火越冬。为了使民居在与当地自然环境相协调的同时改善传统

图 5.20　乡村民居中的竹笆墙

图 5.21　夹聚苯板的保温墙

民居墙体的冬季保温性能，新民居将墙体改进为夹土或夹聚苯板保温墙（图 5.21），结合南向房间设置阳光间，阳光间采用木方格栅构筑，减少冬季热损失的同时体现四川民居特色，实现人与环境协调与可持续发展。

建筑外部装饰影响人的行为以及感受，以建筑色彩为例，它可以对人的情绪、行为、健康带来不同程度的影响。例如，色彩与温度的关系是建筑设计中研究最多的一个方面：红色和橙色会给人温暖的感觉，蓝色和绿色则给人凉爽的感觉。同样大小的房间，浅绿色的显然要比深绿色的感觉更大更宽敞。

在山地乡村民居建造的过程中也应当考虑这一影响。大坪村的新民居建设过程中，各构件的颜色尽量保持乡土材料的原色调、原质地，局部粉刷及油漆也尽量选择素淡的色调（图 5.22，图 5.23）。这样的处理可以使建筑和自然环境有机统一，从生态保护的角度来看，其意义非常重大。

图 5.22　屋顶的小青瓦

5.5.4　合理的平面布局

合理的建筑平面布局可以增强室内自然通风，使室内环境的舒适性得到明显的改善。无论是在城市或是乡村，建筑的平面形式对外环境的空间营建都会产生很大的影响。大坪村的新民居布局充分考虑了地形的变化，并与周围环境进行良好的结合。

图 5.23　正在施工的工匠

大坪村传统民居的平面布局主要是由双坡“一”字形民居组成的“L”形及“U”形。在当地传统民居平面形式的基础上，大坪村的新民居方案中提出了“模块化”的平面组合形式，建立了“基本模块单元”和“多功能模块单元”（图 5.24）。基本模块包括：主

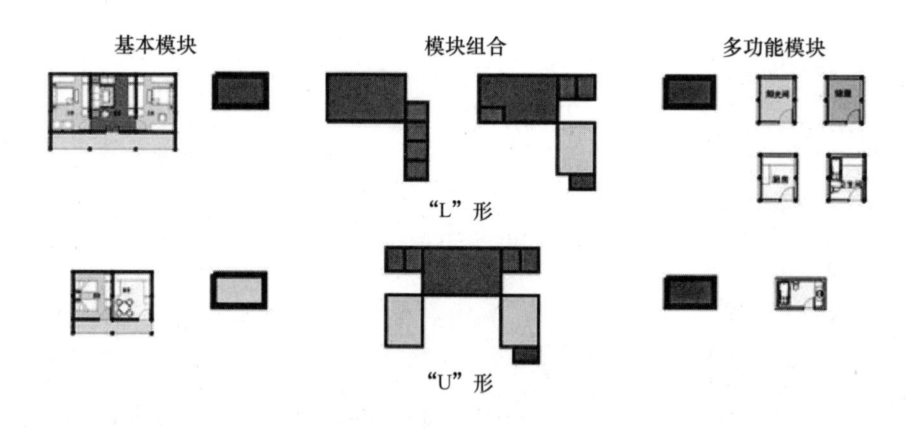

图 5.24　基本模块与多功能模块的组合

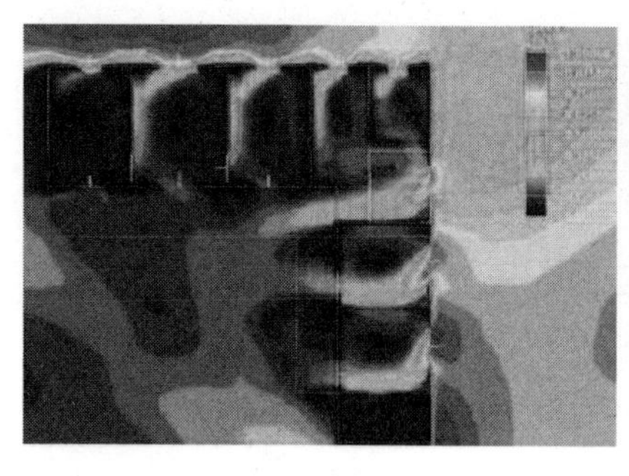
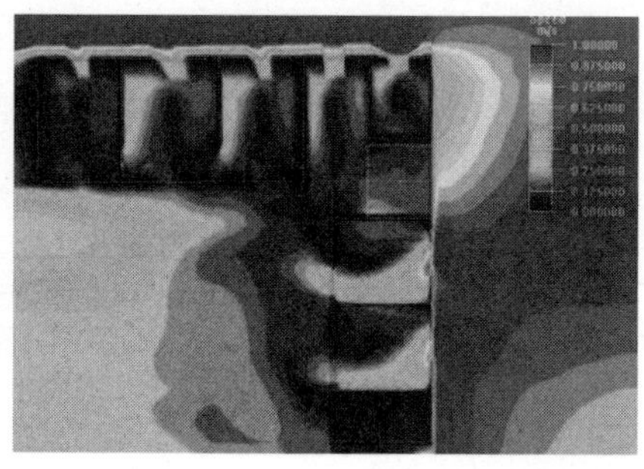

图 5.25　1.5m、4.5m 平面风速分布图

房（堂屋）模块，次房（厢房）模块；多功能模块包括：厨房（餐厅），卫生间（储藏），阳光间（挑台）。村民可根据自家的人数、结构形式和经济状况进行自由组合，并由技术人员实施建造，完工后，村民也可随时加建自己所需的功能空间。这种平面的组合方式灵活、多变，为当地村民今后发展农家乐提供了便利性和可行性。受山地地形的影响，新建民居的标高大都不同，院落大多不封闭，人畜分开，向周边环境敞开。

同时，新民居的平面布局还考虑了当地夏季的自然通风效果，有利于利用室外风压形成穿堂风，而不需要靠机电设备通风。测试得出，在夏季全部开窗的情况下，室内平均风速为 0.08m/s，平均温度为 23℃，室内热环境满足热舒适需求（图 5.25）。

5.5.5　与自然环境的有机协调

在大坪村民居更新及环境的营建过程中，提出协调人与自然环境的关系，其目的就是促进人们逐渐形成自觉维护生态环境的良好行为习惯。因此，在改善当地村民居住环境的同时，应考虑人与自然环境的关系，需要保护原有自然环境的特色。首先，我们遵循就地取材原则，在建设的过程中采用当地随处可见的石灰岩、木材；环境营建过程中，在植物的选择方面选择本土的树种，例如，核桃树、桃树、竹子及山草野花等，再引入一些本土的花卉，丰富植被物种（图 5.26）。

大坪村新建民居依山体台地地势布置，绕水而居，单体设计主房与厢房高低错落，搭接有序，与山体走势相辅相成。对于院落内的装饰元素，利用村民常用的饮水槽、石水池、石磨、木楼梯、竹篓、背篓及卵石等。其次，增设景观因素并与建筑及周围环境相协调。例如，附属于民居的观景阳台、架空眺望台，均可以清晰地看到周边的自然风景，以人的视角渗透了民居与自然景观的关系。同时，采用竹篾进行局部围护，与建筑和谐共处。这样，通过建筑、人工环境、自然环境的相互渗透，营造呈现出原生态的、与环境相融的特殊意境效果（图 5.27～图 5.29）。

除了建筑的位置经营得体之外，植物的配合也使得整体环境更为饱满而层次分明。房屋后面的山林，屋前左右两侧的落叶树以及台地上的草本小灌木，或为背景，或为前景，或丰富了层次，在外环境设计中起到了重要的作用。

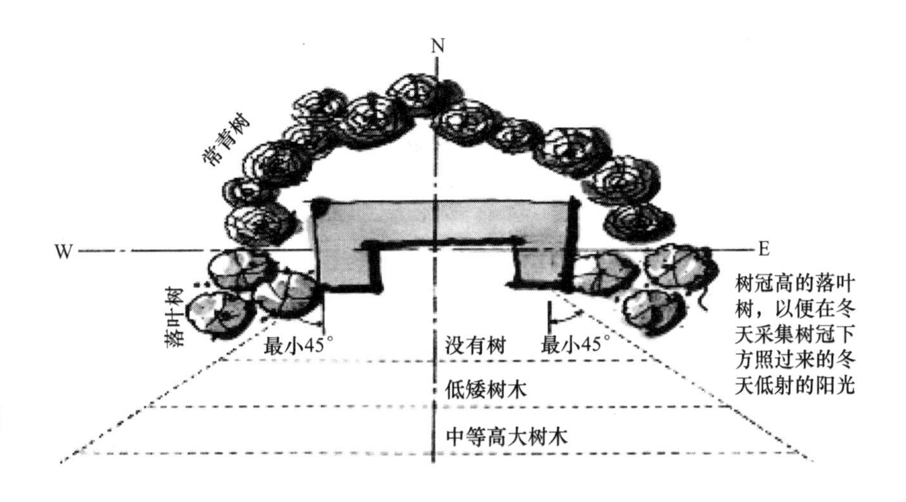

图 5.26 房屋周围树木的布局方式

图 5.27　建筑与环境的结合

图 5.28　建筑围合的空间

图 5.29　建设中的大坪村

5.6 可持续理念的应用和生态系统设计

5.6.1 建筑水环境设计

建筑的水环境是指围绕人群和生物的空间，可直接或间接影响人类生活、社会发展和生物生存的以水体为媒介的环境，它不仅指自然形态的水和人工的水，也包括各种自然因素和有关的社会因素。建筑的水环境可以理解为建筑空间和水环境的一种相互结合关系。建筑与水的结合运用有两种情况，一种是自然水体与建筑及其环境的协调，另一种是在建筑群体内部筑池引水。建筑的水环境的社会价值在于改善人们生活的外部环境，提高人们的生活质量①。

对于人们来说，建筑的外部空间是他们参与社会、了解新鲜事物的主要场所，在这个场所人们可以运动、交流、休息、游戏。而良好的水环境可以创造出不一样的空间环境，营造一种休闲的空间氛围，使人们产生不同的空间感受，改变人们的心情。

我国传统风水理论中有"负阴抱阳，背山面水"的记载，可见水在建筑设计中的重要性。现代社会，水作为环境中的重要元素被越来越多地运用到了环境营造中，与此同时就出现了水资源的浪费、水资源的污染以及水资源的保护不当所带来的环境空间破坏等问题，因此，正确认识、合理规划水环境，是营造可持续发展的人居环境的重要内容。

在大坪村进行建筑外环境的营造过程中，课题组通过对当地山泉水保护和雨水处理系统的设计来体现生态、可持续理念。

1）山泉水保护

重点考虑山泉流水与民居围合形成的空间，在建设过程中，尽量不改变其原有面貌，通过局部环境的改造增加其亲切感、舒适感及观赏性，从而提升建筑外环境的整体品质，营造出自然、轻松且突出地域特征与文化内涵的村落空间。设计了简易的山泉水储水处理系统来供应生活用水。对生活用水采用简易的净化过滤系统，保护大坪村当地的水资源环境。

① 徐莎莎．建筑水环境特性及其价值［J］．价值工程，2010.

2）雨水处理系统

在大坪村建筑外环境营建过程中，结合当地台地地势，设计了雨水处理系统，以保护当地的生态环境。雨水处理系统主要包括绿化用水、渗水路面及雨水收集三部分①。

（1）绿化用水：雨水采用低势绿地间接利用；

（2）渗水路面：在砂石路基上面，铺上一层可渗水的沥青，大雨过后，路面上积聚的雨水就会慢慢渗透，最终流到地下水系当中，砂砾层不仅可以像海绵那样吸水，使路面上的凹凸和水洼变得平坦，而且还有助于过滤来自道路上的碳氢化合物。

（3）雨水收集：收集雨水，充分利用天然降水，使其成为当地水景创作的主要资源，也有利于在当地形成良好的水循环系统和水生态环境。这种人造的水环境在美化当地建筑外环境空间的同时也满足了人们赏水、亲水的需要。

5.6.2 庭院生态系统设计

庭院生态系统是以户为单位经营生态农业的最佳生产形式②。它是以农户为独立的经济实体，运用生态经济学原理，通过生态工程设计，按照食物链、加工链的循环模式，将家庭种植业、养殖业以及简单的加工业有机结合，进行综合性商品生产，最终形成一个集约型的小型生态经济系统。简单来说，它是通过对庭院资源的开发利用，使普通的消费型土地转换为生产土地，使乡村中常见的庭院能够发挥出更大的价值，是农业生态系统十分重要的组成部分。理论基础是充分利用植物的光合作用，不断提高太阳能转为生物能的效益，在转变过程中充分发挥微生物的作用，以加速能流和物流在生态系统中的循环，不断提高系统的生产能力。

庭院生态工程是一个人工系统，包括生物和环境两个部分。生物部分包括人类以及人工培育的动植物和伴生动物，环境部分包括水源、房屋、围墙外，还包括光照、温湿度、土壤等。庭院生态系统是因人的需求而出现的，因此，具有提供丰富多样的栖息地、生产食物、调节局部

① 韦娜．西部山地乡村建筑外环境优化研究［J］．西安建筑科技大学学报（自然科学版），2011.

② 赵德芳．陕北黄土高原丘陵沟壑区生态经济模式研究［D］．西安：陕西师范大学，2005.

小气候、净化环境、满足感知需求并成为精神文化源泉和教育场所等服务功能。

由于庭院系统的伴生种群能促进生态系统良性发展，大坪村鼓励村民养殖马、羊、鸡等牲畜。因此，在庭院生态系统设计过程中，适当地扩大了庭院空间，并确保厕所独立卫生，改变了当地人祖祖辈辈简陋的卫生习惯（图 5.30），同时也加大了伴生种群与人的居住距离，方便控制寄生种群的繁殖与危害，提高卫生标准，保证居民的健康生活。此外，采用沼气提供部分炊事能源也是当地外环境设计中生态系统良性发展的重要因素。在庭院的生态系统设计中，结合厕所设置了沼气池，充分利用农业生产的产物。

庭院生态系统将农业生产中的各个环节联系起来，既可以充分发挥潜力，也可以美化环境、净化环境，使生态环境得到良好的循环。

图 5.30　牲畜、家禽与民居建筑的关系

5.6.3 太阳能利用及沼气应用

在大坪村推广新能源技术，例如沼气、太阳能等新能源的利用，以改变农民传统燃料结构，改善当地的生态环境。

（1）太阳能利用

结合新民居的平面形式，在正房中采用直接式附加阳光间的做法，对太阳能进行充分利用（图 5.31、图 5.32），有效改善居民室内的热环境，减少对自然林木的砍伐，也为居民综合使用太阳能创造条件。

（2）沼气应用

沼气作为一种新型能源在乡村进行开发利用具有一定的优势。大坪村处于山地地区，广阔的空地可以为沼气池的修建提供足够的场地，此外，乡村农作物种植、家庭畜牧现象较为普遍，会产生大量作物秸秆及牲畜粪便，这些特有的产物也为沼气池的修建提供了有利条件（图 5.33）。各地乡村也在响应国家提出的“采用清洁能源”的号召，逐步采用沼气提供炊事能源。

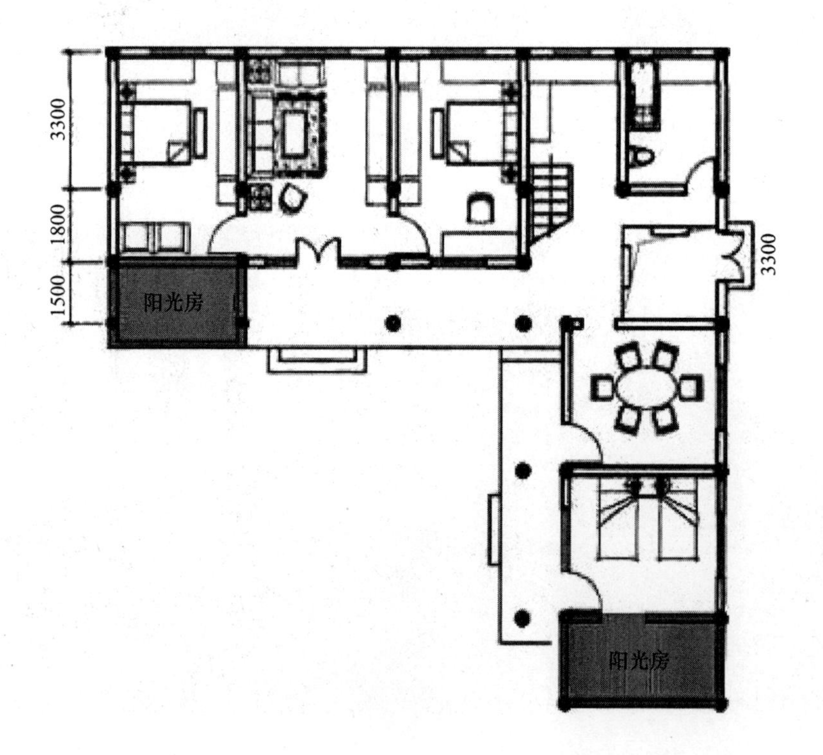

图 5.31　结合建筑平面设置的阳光房

图 5.32　新民居中阳光间的设置

图 5.33　沼气利用

5.6.4　道路系统设计

中国传统自然观很少将自然视作一种需要雕琢的存在，而是将其看成是自身生存、繁衍、活动的背景，因此古人在进行村落营造时以“自成天然之趣，不烦人事之工”为至境追求，体现在乡村的道路系统上就是“顺应自然、利用自然”。

道路是公共空间的重要组成部分，它集交通和日常生活（娱乐、交往）于一体，具有综合性的功能特点，在山地乡村，受地理条件的限制，这种功能性具有一定的局限性（图 5.34）。乡村道路建设对于发展乡村经济、减少贫困等具有重要意义，同时作为乡村骨架也能凸显其空间环境特色。在大坪村的道路系统设计中，尽量减少混凝土的使用，将各种天然的材料，如土、石等作为沟渠及田间道路的铺面，其目的就是不破坏各种动植物的生长。对于一些相对平缓、不妨碍机械化耕作的坡地，可以适当保留其路面形式，既减少工程量，又可以减少对表层土壤的破坏。

此外，在道路旁边设置顺着道路流淌的小沟，让路人随时可聆听潺潺水声，获得内心的宁静（图 5.35）。

图 5.34　乡村中道路现状

图 5.35　道路系统及路面铺装示意

5.7　本章小结

本章以四川省彭州市通济镇大坪村为对象，在当地进行了建筑外环境的设计实践。通过实地调研，在了解当地的基本情况以及外环境的一些突出问题的基础上，提出了在当地进行外环境设计实践的基本理念，包括“以人为本”“生态与可持续发展”“文化”“保持原有的生活方式”等，进而提出山地乡村建筑外环境的绿色技术策略和生态设计策略。绿色技术策略包括地域策略、生态策略、可持续发展策略和高效利用资源策略；生态设计策略包括原生态设计、人性化设计、循环再生设计和公众参与设计。在此基础上，对大坪村从整体规划与布局、建筑对外环境的影响、可持续理念的应用及生态系统设计等方面进行了整体设计，具体包括选址意向、“居住堆”概念的提出、庭院及广场规划、植被与小品设置等方面。在此过程中，综合考虑建筑水环境设计、庭院生态系统设计、太阳能利用及沼气应用等，希望为当地村民创造出一个适宜的、健康的居住环境。

总的来说，我们在山地乡村进行建筑外环境的设计实践，首先要针对当地的自然条件和社会条件，结合当地村民的日常习惯及现实需求，对其外部空间进行优化整合，提出适宜的营建策略，以提高乡村居民的居住环境质量。

6 结　语

6.1 研究结论

我国地域广阔，山地面积占全国国土面积的70%左右，山地型乡村面积广泛，我国大约有一半人生活在山地。西部地区地理复杂多样：西北地区历史悠久、辽阔无限，西南地区山川纵横，民族众多，在长期的历史变迁中孕育了灿烂的文化。

西部山地乡村资源丰富，自然环境优美，极富地域特色，然而在生产技术迅速发展、经济迅速增长的同时，乡村居民的生产、生活方式也在发生了很大的变化——为了满足生产的需要对资源的盲目开发，生产过程中的副产物不仅对人和其他生物带来了危害，还导致了环境的严重污染；同时，乡村居民盲目追从城市的居住方式，背离自然与传统文化对民居进行改造和重建，导致村落布局杂乱无章，因此，山地乡村的建筑外部空间环境作为影响村落环境可持续发展的一个重要因素值得重视。

本课题以西部山地乡村为研究对象，从山地乡村建筑外环境中的一些环境问题入手，采用环境伦理学、环境心理学、环境生态学、环境美学等多学科交叉融合的研究方法，对乡村环境的发展及形成原因进行了总结和归纳，进而探讨在城市化的推动、西部大开发、新农村建设及乡村振兴等政策的影响下，西部山地乡村建筑外环境的营建策略。研究工作及结论如下：

（1）建筑外部空间环境营建是人们应对生存空间变迁的方式，是对理想生活环境的追求。

自古以来，人类都没有放弃过对理想生活环境的追求。在地区、民族、文化背景、宗教信仰等因素的影响下，人们会创造出独特的理想环境模式，这种理想环境模式包含着人们共有的某些理想特征。

由村民自主创造出来的外环境空间其实就是创造者理想环境的具体表现，美好的环境理想在不同程度上指导着人们去选择、改造和创造自己生活空间的环境结构。但是这个环境在其他人看来未必是“理想”的。

（2）对建筑外环境的发展历史进行叙述，指出建筑外环境的发展主要受自然因素和社会因素的影响。

无论是在乡村还是城市，这两个因素都是同时存在的，只是在不同的时期呈现出来的特点不同，直接影响这两个因素的就是人类的文明程度。一般来说，人类文明程度越高，自然因素所起的作用就越低，社会因素的影响就越高；相反，在早期较低文明程度背景下，自然因素比社会因素的影响作用要高。我们通常所说的文明，指的是人们对于原始的自然状态的改变。这种改变首先是要按照人们的愿望以及需要来进行；其次，又受到经济、技术条件的制约，人类文明程度越高，其对原始自然状态的改变能力就越强。

随着山地乡村的发展，人们虽然也能够改造自然以满足自己的生活需要，但是这种改造受到改造能力、经济条件、技术手段等因素制约较为明显，另外，当地的各项政策、法规的制定，领导及村民的意识，当地的规划水平都是影响山地乡村外环境发展的重要因素。

（3）对山地乡村的空间特点进行分析比较，指出山地乡村建筑外环境的营建应结合山地乡村的地理条件及自然条件，应当尽力协调人、自然、文化之间的关系。

我国乡村在发展过程中有着久远、丰富的地域文化。对于乡村建筑外环境的研究，首先要有一个明确的、正确的环境观，即明确人与环境之间的关系，我国古代的环境观念以及有关环境方面的认识和理论都体现了人、自然、文化之间的协调关系，体现了生态观念，这对于今天进行乡村建筑外环境的营建研究有着一定的启迪作用。

传统山地乡村的建筑外环境是建立在农业类型、经济状况、文化基础之上的对自然环境的被动式生态适应，缺少居家安全、便捷性、舒适性等生活基本保证。乡村不同于城市，建筑外环境中很多的现代化技术手段及措施很难实现。但是乡村的建筑外环境营建是否成功与人与自然、人与文化、人与人之间关系的协调程度是分不开的，因此，需要结合山地地区的地理条件及自然条件考虑。

（4）指出山地乡村建筑外环境的研究应该是建立在多种理论基础之上的，结合建筑外环境中出现的一些突出问题，从环境心理学出发，指出其对建筑外环境的影响。

通过了解传统的自然生态观，熟悉并总结我国古代对于实现美好环境的一些要求，结合现代的环境生态学、环境伦理学、环境心理学、环境美学及地景学等相关原理，对乡村的外环境特征（形成特征、功能特征、性格特征、文化特征）进行描述，并对构成要素（物质环境、精神环境）、影响因素（自然因素、社会因素）、控制要素（小气候、景观模式、环境主体、大环境）进行分析。

我们周围的环境大多都属于人工环境，这些人工环境在一定程度上起到了改善生活环境的作用，但是事实上，人工环境的增加带来的一个直接的负面影响就是自然环境的缺失，这种现象长期存在也会给人的心理产生一定程度的负面影响。环境心理学使我们更深层次地去考虑：到底什么样的环境才是我们真正需要的；在我们进行人工环境创造的时候应该考虑人们的哪些心理要素？其研究目的就是了解什么形式的建筑环境会使人产生愉悦的心理，什么形式的建筑环境又会使人产生不安和烦躁。

在山地乡村，外环境的营建大多都是个人行为，一般来说也不会进行详细、完整的规划，因此，乡村环境及村落的现状是混乱的。环境心理学影响下的外环境营建过程应当是：人们对现实的环境进行认知并作出反应、确定行为、进行评价、改造。

（5）以生态学为基础，基于生态安全及健康的理念，对山地乡村建筑外环境设计提出了绿色建筑技术策略及生态设计策略，为山地乡村外部空间环境的健康发展提供新途径。

对外环境研究的内容进行叙述，包括形式、生态系统、资源、太阳辐射与日照、气候环境、水环境、植被等。通过了解西部地区及山地地区的气候特征，依据建筑外环境营建依据的原则，包括需求性、私密性、开放性、整体性、连续性、可识别性、可持续发展以及强调本土文化特色等原则，提出绿色建筑技术策略及生态设计策略。

（6）结合四川省彭州市通济镇大坪村的乡村规划项目，在当地进行建筑外环境的设计实践探索。

通过对四川省彭州市通济镇大坪村的实地调研，了解当地地形地貌、聚落形式、区域内的环境特色以及当地建筑外环境中存在的一些问题，结合当地的传统文化及村民的意愿，在当地进行外环境的设计实践，并提出“以人为本”“生态与可持续发展”“发扬当地文化”“保持原有的生活”等营建理念。

在当地进行的建筑外环境设计实践，我们从选址意向、“居住堆”概念的提出到庭院及广场规划、植被与小品设置等方面对大坪村进行了整体规划与布局，通过对可持续理念的应用及生态系统的设计，为当地村民创造一个健康、舒适的居住环境。

6.2 后续研究及展望

山地乡村不同于平原乡村，更不同于城市，所以，在山地乡村进行建筑外环境的营建应当综合考虑山地乡村的地理条件、地区环境特色以及当地的经济发展情况。乡村建筑的外部空间环境是随着时间的推移而不断发展并完善起来的，因此，山地乡村的建筑外环境营建并没有一个统一的、固定的模式，这也就决定了任何一种单一的理论及设计方法都存在一定的局限性。本书对山地乡村建筑外环境营建进行尝试并展开研究，受作者的学识及条件所限，虽历时较长，但进展和结果仍有诸多遗憾，希望在今后的工作中进行完善，总的来看，主要有以下几个方面：

（1）课题组近年来一直在对西部的山地乡村进行实地调研，特别是西部山地地区发展相对落后的乡村，并在几个山地乡村进行了外环境的设计实践活动。但西部山地乡村范围较大，且不同地区其地域特点不同，因此，在今后的工作中还应深入更多的山地乡村进行实践，使研究更加全面。

（2）山地乡村居民与平原乡村、城市居民生活习惯、审美都有很大差别。课题组在调研的几个山地乡村都进行了外环境的设计实践活动，虽然对当地的村民进行了访谈，做了调查问卷，但是由于缺乏长期乡村生活经验，因此设计实践中的一些做法可能不完全符合当地村民的意愿。在今后的工作中还应充分了解当地的各方面情况，进一步改善当地建筑的外部空间环境。

（3）本书对西部山地乡村建筑外环境的营建提出了绿色技术策略和生态设计策略，但由于作者的学识及条件所限，在一些方面还存在不足，对于山地乡村建筑外环境营建的具体措施和改进方法还需加强。

附录

大坪村村落环境及民居现状调查问卷

一、受访者基本情况

姓名______ 年龄_____ 性别____ 文化程度______ 职业_______

家庭组成结构：A. 两口；B. 三口；C. 四口；D. 五口；E. 其他

住房原来的情况：居住面积______间数

危房情况：A. 极其严重；B. 严重；C. 中等；D. 轻微

二、对新建的期望

1. 您现在最大的困难是什么？______

A. 经济财产受损　　B. 生活不方便

C. 其他

2. 您想修什么样的房子？______

A. 传统平房　　B. 二层楼房

C. 其他

3. 您心目当中理想的房子应当包括（可多选）______

A. 堂屋　　B. 卧室

C. 厨房　　D. 走廊

E. 院墙　　F. 储藏室

G. 牲畜棚　　H. 花园

I. 车棚

4. 你们需要社区活动中心么？______

A. 需要　　B. 不需要

5. 对重建建筑平面格局要求：（绘图）

---

6. 建造结构与材料：______

A. 砖木结构　　B. 土木结构

C. 砖石结构　　D. 其他

7. 原有建筑门窗开法，大小是否合适，有何意见？______

8. 原住房夏季通风、冬季取暖方式？______________

9. 您希望以一种什么样的方式来重建新房？______

A. 由政府统一修建经济适用房，下拨给受灾各户

B. 政府为主导，提供几种不同的模式

C. 根据各户自家的意愿重建，政府给予经济补贴

D. 其他

10. 您希望花多少钱重建新房？______

A. 20 万以上　　B. 20 万 -15 万

C. 15 万 -10 万　　D. 10 万以下

E. 越少越好

11. 您认为您舒适的住宅应该具备哪些特点？（可多选）______

A. 建筑结构优良

B. 房屋布局科学合理使用方便

C. 外墙整洁美观

D. 价格低廉、坚固安全

E. 采光、通风优良

F. 隔声、防潮、保温

G. 整个庭院建筑具有浓郁的乡地方民俗特色

H. 庭院绿化环境好

I. 其他

12. 家庭建造结构与材料：______

A. 砖木结构　　B. 土木结构

C. 砖石结构　　D. 其他

13. 您觉得在重建房屋时，主要关注哪些方面？______

A. 经济能力　　B. 个人喜好、兴趣

C. 统一、整齐的模式　　D. 其他

14. 您希望您家的新建的住宅应该是什么样的?(可以具体描述)________________

A. 还是比较传统的样子，坡屋顶，砖墙，体现本地特色

B. 房子样式跟周围房子差不多，但造价一定要低

C. 更现代些，平顶房子，外面贴上瓷砖

D. 样式与众不同，越显眼越好，吸引人

E. 外观不要求多么特别，但房子内部配套设施齐备

15. 希望的夏季通风、冬季取暖方式? __________

16. 您希望志愿者在重建过程中起到什么作用? ______

A. 设计新房样式　　B. 给予技术支持

C. 提供有用信息　　D. 提供体力劳动

三、关于村里的环境和发展

1. 您对以前的居住环境不满意的方面:______

A. 出门不便　　B. 上学不便

C. 环境卫生差　　D. 没有活动的地方

E. 其他

2. 您认为重建必须要建设的是:______

A. 日杂百货店　　B. 停车场

C. 邮局　　D. 银行

E. 幼儿园　　F. 饭店

G. 老人活动中心　　H. 娱乐设施

I. 小学　　J. 卫生室

K. 垃圾转运站　　L. 污水处理设施

M. 广场、绿地　　N. 澡堂

3. 您觉得您居住的自然环境如何? ______

A. 好　　B. 一般

C. 差

4. 您愿意以农家乐的方式来发展当地旅游业么? ______

A. 愿意　　B. 不愿意

C. 看政府规划

5. 地震以后，在建房过程中您认为：______

A. 单独建筑重要　　B. 整体规划重建比较重要

C. 一样重要　　D. 不知道

6. 周边有哪些资源能利用起来？______________________________

7. 本地的特色____

大坪村新建民居及外环境调研问卷

一、受访者基本情况

________省________市（县）________镇________村________组

受访者姓名________性别____年龄____家庭成员________________

受访者电话________________________年龄结构________________

调查时间__________________________

二、新建民居及外部空间环境情况

1. 您认为新建房屋的安全性比以前的老房子如何？______

A. 很安全　　B. 比较安全

C. 不安全　　D. 十分不安全

2. 家里新建房屋的总造价：______造价最高部分：（屋顶\外墙\基础\装修\其他）

3. 您对新建房屋室内的冷热环境是否满意？（满意\差不多\不满意\其他）______

冬季白天冷不冷　　冬季夜晚冷不冷　　哪个房间最冷

夏季白天热不热　　夏季夜晚热不热　　哪个房间最热

很冷的时候怎么解决　　很热的时候怎么解决

房间潮湿吗　　哪个季节最潮

4. 新建房屋室内通风好不好？______

如果不好，是在哪个季节通风不好？　　哪个房间通风不好？

5. 您对新建房屋室内的采光是否满意？（满意\差不多\不满意\其他）______

如果不好，是哪个房间采光不好？

6. 新建房屋中有无太阳房：（有\无）；在哪个位置？______

您认为太阳房有什么好处________，实际使用中___________

7. 新建房屋是否建有沼气池或沼气房（是\否）；如果有，您认为沼气作为炊事能源如何（好\不好\不清楚）；如果没有，是何原因未采用？______

8. 新建房屋和周围环境的结合情况。

____

9. 现在出行是否方便（道路情况）：（方便\不便）______

10. 村落中新建房屋的选址情况。

____

11. 新建房屋周围是否做了围墙（做了______院内的布局；如果没做______为什么）______

12. 新建房屋外立面形式、材料。

____

13. 您对新建房屋的造型是否满意？（满意\差不多\不满意\其他）______

满意在__________　　不满意在__________

14. 您对新建房屋的颜色是否满意？（满意\差不多\不满意\其他）______

满意在__________　　不满意在__________

15. 新建房屋厕所的设置：独立\依附于新建房屋

16. 对新建房屋周围环境的改造情况。

____

17. 现有的公共建筑是否能满足日常需求？____________________

<table>
<tr><td colspan="11">建筑基本信息</td></tr>
<tr><td colspan="2">建筑类型</td><td colspan="4"></td><td colspan="3">建筑体型</td><td colspan="2"></td></tr>
<tr><td colspan="2">建筑朝向</td><td colspan="4"></td><td colspan="3">建筑总高度 /m</td><td colspan="2"></td></tr>
<tr><td colspan="2">建筑面积 /m²</td><td colspan="4"></td><td colspan="3">采暖面积 /m²</td><td colspan="2"></td></tr>
<tr><td colspan="2">建筑层数</td><td colspan="4"></td><td colspan="3">层高 /m</td><td colspan="2"></td></tr>
<tr><td colspan="2">建造时间</td><td colspan="4"></td><td colspan="3">建筑造价 / 万元</td><td colspan="2"></td></tr>
<tr><td colspan="2" rowspan="3">建筑色彩</td><td>外墙</td><td colspan="8"></td></tr>
<tr><td>外窗</td><td colspan="8"></td></tr>
<tr><td>屋顶</td><td colspan="8"></td></tr>
<tr><td colspan="11">围护结构</td></tr>
<tr><td>结构形式</td><td colspan="10"></td></tr>
<tr><td rowspan="5">外墙</td><td colspan="3">构造做法</td><td colspan="3"></td><td colspan="3">对应厚度 /mm</td><td></td></tr>
<tr><td colspan="3">传热系数 K/［W/（m²·K）］</td><td colspan="7"></td></tr>
<tr><td rowspan="3">保温状况</td><td colspan="2">保温形式</td><td colspan="7"></td></tr>
<tr><td colspan="2">保温部位</td><td colspan="7"></td></tr>
<tr><td colspan="2">保温材料</td><td colspan="7"></td></tr>
<tr><td rowspan="5">外窗</td><td>朝向</td><td>窗户类型</td><td>玻璃类型</td><td>窗框材料</td><td>形式</td><td>材料</td><td>颜色</td><td>尺寸</td><td>遮阳系数</td><td>传热系数</td></tr>
<tr><td>东</td><td rowspan="4"></td><td rowspan="4"></td><td rowspan="4"></td><td></td><td></td><td></td><td></td><td></td><td></td></tr>
<tr><td>西</td><td></td><td></td><td></td><td></td><td></td><td></td></tr>
<tr><td>南</td><td></td><td></td><td></td><td></td><td></td><td></td></tr>
<tr><td>北</td><td></td><td></td><td></td><td></td><td></td><td></td></tr>
<tr><td rowspan="5">屋顶</td><td>做法</td><td colspan="2">材料名称</td><td colspan="3"></td><td colspan="3">对应厚度 /mm</td><td></td></tr>
<tr><td colspan="3">传热系数 K/［W/（m²·K）］</td><td colspan="7"></td></tr>
<tr><td colspan="2" rowspan="3">保温状况</td><td>保温形式</td><td colspan="7"></td></tr>
<tr><td>保温部位</td><td colspan="7"></td></tr>
<tr><td>保温材料</td><td colspan="7"></td></tr>
<tr><td>地面</td><td colspan="3">构造做法</td><td colspan="7"></td></tr>
<tr><td rowspan="2">其他围护构造及传热系数</td><td colspan="3">架空或外挑楼板</td><td colspan="7"></td></tr>
<tr><td colspan="3">隔墙或楼板或天花板</td><td colspan="7"></td></tr>
</table>

参考文献

期刊

Kerstin Leitner，糜佳．将灾后重建与人类的可持续发展结合起来［J］．中国减灾，1999（3）．

钞振华．中国西部地区气温资料的统计降尺度研究［J］．干旱区研究，2011（5）．

陈国阶．西部大开发与聚落生态建设：以西南山区为例［J］．农村生态环境，2001（17）．

陈宏，刘沛林．风水和空间模式对中国传统城市规划的影响［J］．城市规划，1995（4）．

陈紫兰．传统聚落形态研究［J］．南方建筑，1998（3）．

程相占．美国生态美学的思想基础与理论进展［J］．文学评论，2009（1）．

邓晓红，李晓峰．生态发展：中国传统聚落未来［J］．新建筑，1999（3）．

丁金华，吴林春．住区水环境的生态化设计［J］．南方建筑，2003（4）．

丁沃沃．从灾后重建的实践论乡村的规划设计方法［J］．新建筑，1999（2）．

董子华．聚焦灾后重建：《灾后生态城市重建纲要》主旨报告［J］．规划国际论坛，2008.

关文彬．景观生态恢复与重建是区域生态安全格局构建的关键途径［J］．生态学报，2003（23）．

韩晓丽．黄土沟壑地貌区传统聚落形态演进研究［J］．西安建筑科技大学学报（自然科学版），2016（10）．

郝革宗．我国山地的旅游资源［J］．山地研究，1985（6）．

何庆生．动态景观［J］．景观设计学，2009（5）．

胡文芳．人工与自然的科学结合［J］．中国园林，2005（3）．

黄富国．城市化加速过程中小城镇地域传统文化研究［J］．城市规划，2000（2）．

黄薇．建筑形态·自然条件·建筑文化［J］．建筑师，1994（2）．

金笠铭．绿文化与绿色社区的策划：关于“理想家园”的思考［J］．城市规划，2000（11）．

荆其敏．生态建筑学［J］．建筑学报，2000（7）．

李保峰．生态、技术和诗意的表达：格雷姆肖的建筑创作之路［J］．世界建筑，2002（1）．

李斌．环境行为学的环境行为理论及其拓展［J］．建筑学报，2008（2）．

李景齐．中国乡村复兴与乡村景观保护途径研究［J］．中国园林，2016（8）．

李匡．新农村规划建设中“权威主义”与“公众参与”的思辨［J］．城市环境设计，2007.

李诗新．乡村土地利用现状及对策［J］．安徽农学通报，2004（10）．

李威．山地城镇聚落空间初探［J］．小城镇建设，2008（5）．

李晓峰．从生态学观点探讨传统聚居特征及承传与发展［J］．华中建筑，1996（4）．

李彦星．基于生产“生活”生态条件下的乡村景观生态规划［J］．湖北农业科学，2016（2）．

刘福智，刘学贤，刘加平．传统聚落文化浅析［J］．青岛建筑工程学院学报，2003（4）．

刘福智．试论建筑文化地域运动特征［J］．工业建筑，1996（20）．

刘梦园．私密性在景观环境中的应用［J］．建筑科技与管理，2010（2）．

龙元．公共空间的理论思考［J］．建筑学报，2008（S1）．

陆元鼎．从传统民居建筑形成的规律探索民居研究的方法［J］．建筑师，2005（3）．

毛刚．结合气候的设计思路［J］．世界建筑，1998（1）．

彭红春．国内生态恢复研究进展［J］．四川草原，2003（3）．

桑春．新型城镇化进程中的美丽乡村环境改造研究［J］．上海城市规划，2016（5）．

孙筱祥．中国传统园林艺术创作方法的探讨［J］．园艺学报，1962（1）．

孙筱祥．中国园林画论中有关园林布局理论的探讨［J］．园艺学报，1964（5）．

唐方伟．四川传统民居夏季室内热环境质量测试分析［J］．建筑科学，2011（6）．

田真．西北干旱区域的生态问题与恢复重建的基本构思［J］．宁夏农林科技，2003（4）．

王朝霞．四川盆地传统民居地域特质与形成［J］．重庆建筑，2004（增刊）．

王建毅．乡土建筑与文化建构［J］．西北美术，1999（3）．

王丽洁，聂蕊，王舒扬．基于地域性的乡村景观保护与发展策略研究［J］．中国园林，2016（10）．

王群华．民居景观的可持续发展模式初探［J］．重庆建筑大学学报，2005（12）．

王如松．系统化、自然化、经济化、人性化：城市人居环境规划方法的生态转型［J］．城市环境与城市生态，2001（6）．

王玮．淮河流域乡村内涝地区聚落景观生态基础设施设计研究［J］，南京艺术学院学报，2016（12）．

王晓陌．传统乡土聚落的旅游转型［J］．建筑学报，2001（9）．

王玉．国外生态村的规划发展［J］．城乡建设，2005（2）．

向成华，刘洪英，何成元．恢复生态学的研究动态［J］．四川林业科技，2003（24）．
肖笃宁．生态脆弱区的生态重建与景观规划［J］．中国沙漠，2003（23）．
肖天贵，金琳琅．重建生态环境体系的系统思考［J］．系统辩证学学报，2001（9）．
谢吾同．聚落观［J］．华中建筑，1996（3）．
邢忠．“自然生态型边缘界定”：从聚落风水格局谈起［J］．重庆建筑大学学报，1998（3）．
杨建华．日常生活：中国村落研究的一个新视角［J］．浙江学刊，2002（4）．
业祖润．传统聚落环境空间结构探析［J］．建筑学报，2001（12）．
俞孔坚，吉庆萍．国际“城市美化运动”之于中国教训（上、下）［J］．中国园林，2000（1）．
俞孔坚，王志芳，黄国平．论乡土景观及其对现代景观设计的意义［J］．华中建筑，2005（4）．
俞孔坚．“风水”模式深层意义之探索［J］．大自然探索，1991（1）．
俞孔坚．论风景美学质量评价的认知学派［J］．中国园林，1988（1）．
俞孔坚．绿色景观：景观的生态化设计原理与案例［J］．建设科技（绿色建筑特刊），2006（7）．
俞孔坚．新农村建设规划与城市扩张的景观安全格局途径：以马岗村为例［J］．城市规划学刊，2006（5）．
俞孔坚．中国人的理想环境模式及其生态史观［J］．北京林业大学学报，1990（1）．
张光富，郭传友．恢复生态学研究历史［J］．安徽师范大学学报（自然科学版），2000（23）．
张晋石．20世纪荷兰乡村景观发展概述［J］．风景园林，2013（4）．
张军民．中国西部气候特点及其变化浅析［J］．兵团教育学院学报，2006（1）．
张沛．国外乡村发展经验对我国西部地区新农村建设的若干启示［J］．西安建筑科技大学学报（社会科学版），2007（3）．
张群．西北乡村民居适宜性生态建筑技术实践研究［J］．西安科技大学学报，2010（6）．
张辛．浑沌说礼：兼论中国文明的起源问题［J］．北京大学学报（社科版），2002（3）．
赵晓英，孙成权．恢复生态学及其发展［J］．地球科学进展，1998，13（5）．
赵振斌，包浩生．国外城市自然保护与生态重建及其对我国的启示［J］．自然资源学报，2001（16）．
赵紫伶．灾后重建的营建模式探究［J］．新建筑，2008（4）．
周再知，蔡满堂等．乡村土地利用与景观格局动态变化研究［J］．林业科学研究，1999，12（6）．
朱文一．“院”的本质与文化内涵的追问［J］．世界建筑，1992（5）．

朱文一．迈向 21 世纪的建筑与环境［J］．中外建筑，2000（4）．

会议论文

董玉华．浅析生态建材及其应用［C］//2007 全国建筑环境与建筑节能学术会议论文集，2007（10）．

金月梅．自然通风在适宜地域建筑设计中的运用［C］//2007 全国建筑环境与建筑节能学术会议论文集，2007（10）．

刘福智．青岛奥运景观识别设计相关问题的研究［C］// 和谐人居环境的畅想和创造——2008 全国博士生学术会议（建筑·规划）论文集．北京：中国建筑工业出版社，2008.

刘福智．生态伦理学与城市景观保护及教育问题的研究［C］// 景观教育的发展与创新 -2005 首届国际景观教育大会论文集．北京：中国建筑工业出版社，2006.

俞孔坚．"风水说"的生态哲学思想及理想景观模式［J］// 中国科学院系统生态研究报告，1991.

俞孔坚．避暑山庄和理想环境概念［J］// 承德市避暑山庄景观保护及生态规划论文集，1991.

郑俊，甄峰．国外乡村发展研究新进展［C］// 中国城市规划学会规划创新—2010 中国城市规划年会．重庆：重庆出版社，2010.

专著

（芬）约·瑟帕玛．环境之美［M］．武小西，张宜译．长沙：湖南科学技术出版社，2006.

（加）卡尔松．环境美学：自然、艺术与建筑的鉴赏［M］．杨平译．成都：四川人民出版社，2006.

（加）卡尔松．自然与景观［M］．陈李波译．长沙：湖南科学技术出版社，2006.

（美）阿诺德·伯林特．环境美学［M］．张敏，周雨译．长沙：湖南科技出版社，2006.

（美）阿诺德·伯林特．生活在景观中：走向一种环境美学［M］．陈盼译．长沙：湖南科学技术出版社，2006.

（美）麦克哈格．设计结合自然［M］．芮经纬译．北京：中国建筑工业出版社，1992.

（美）詹姆士·科纳．论当代景观建筑学的复兴［M］．吴琨，韩晓晔译．北京：中国建筑工业出版社，2008.

（日）芦原义信．外部空间设计［M］．伊培桐译．北京：中国建筑工业出版社，1985.

陈国阶．中国山区发展报告［M］．北京：商务印书馆，2007.
陈李波．城市美学四题［M］．北京：中国电力出版社，2009.
陈望衡．环境美学［M］．武汉：武汉大学出版社，2007.
陈威．景观新农村：乡村景观规划理论与方法［M］．北京：中国电力出版社，2007.
段进．城镇空间解析：太湖流域古镇空间结构与形态［M］．北京：中国建筑工业出版社，2002.
段进．空间研究：世界文化遗产西递古村落空间解析［M］．南京：东南大学出版社，2006.
傅伯杰．景观生态学原理及应用［M］．北京：科学出版社，2001.
贺业矩．考工记营国制度研究．北京：中国建筑工业出版社，1985.
侯幼彬．中国建筑美学．哈尔滨：黑龙江科学技术出版社，1997.
荆其敏．建筑环境观赏［M］．天津：天津大学出版社，1993.
荆其敏．中外传统民居［M］．天津：百花文艺出版社，2004.
梁雪．传统村镇实体环境设计［M］．天津：天津科技出版社，2001.
刘滨谊．现代景观规划设计［M］．南京：东南大学出版社，1999.
刘福智．景园规划与设计［M］．北京：机械工业出版社，2003.
刘福智．园林景观规划与设计［M］．北京：机械工业出版社，2007.
刘黎明．乡村景观规划［M］．北京：中国农业大学出版社，2003.
刘沛林．古村落和谐的人聚空间［M］．上海：上海三联书店，1997.
刘邵权．农村聚落生态研究：理论与实践［M］．北京：中国环境科学出版社，2008.
刘文军，韩寂．建筑小环境设计［M］．上海：同济大学出版社，2000.
刘燕华．脆弱生态环境与可持续发展［M］．北京：商务印书馆，2001.
刘永德．建筑外环境设计［M］．北京：中国建筑工业出版社，1996.
陆元鼎．中国传统民居建筑［M］．广州：华南理工大学出版社，1994.
毛纲．生态视野·西南高海拔山区聚落与建筑［M］．南京：东南大学出版社，2003.
潘谷西．中国建筑史［M］．北京：中国建筑工业出版社，2001.
彭一刚．传统村镇聚落景观分析［M］．北京：中国建筑工业出版社，1992.
彭一刚．建筑空间组合论［M］．北京：中国建筑工业出版社，1983.
彭一刚．中国古典园林分析［M］．北京：中国建筑工业出版社，1986.
任仲泉．城市空间设计［M］．济南：济南出版社，2004.
王化君．建筑·社会·文化［M］．北京：中国人民大学出版社，1991.
王铭铭．想象的异邦：社会与文化人类学散论．上海：上海人民出版社，1998.
王宁生．文化人类学调查：正确认识社会的方法［M］．北京：文物出版社，2002.
王鹏．城市公共空间的系统化建设［M］．南京：东南大学出版社，2002.

王其亨．风水理论研究［M］．天津：天津大学出版社，1992.
王其钧．四川民居［M］．南京：江苏美术出版社，2000.
王瑞鸿．人类行为与社会环境［M］．上海：华东理工大学出版社，2002.
王祥荣．生态与环境［M］．南京：东南大学出版社，2000.
吴家骅．景观形态学［M］．叶南译．北京：中国建筑工业出版社，1999.
吴良镛．广义建筑学［M］．北京：清华大学出版社，1989.
吴良镛．建筑·城市·人居环境［M］．石家庄：河北教育出版社，2003.
吴良镛．人居环境科学导论［M］．北京：中国建筑工业出版社，2001.
肖笃宁．景观生态学：理论、方法和应用［M］．北京：中国林业出版社，1991.
徐高龄．环境伦理学进展、评论与阐释［M］．北京：社会科学文献出版社，1999.
杨知勇．中国文化与家族主义［M］．昆明：云南大学出版社，2000.
俞孔坚．景观：文化、生态与感知［M］．北京：科学出版社，1998.
俞孔坚．理想景观探源风水的文化意义［M］．北京：商务印书馆，2004.
约翰·O. 西蒙兹．景观设计学：场地规划与设计手册［M］．俞孔坚，王志芳，孙鹏译．北京：中国建筑工业出版社，2000.
张斌．城市设计与环境艺术［M］．天津：天津大学出版社，2000.
赵万民．西南地区流域人居环境建设研究［M］．南京：东南大学出版社，2011.
中科院成都山地灾害与环境研究所．山地学概论与中国山地研究［M］．四川：四川科学技术出版社，2000.
周浩明．生态建筑：面向未来的建筑［M］．南京：东南大学出版社，2002.
朱晓明．历史、环境、生机古村落的世界［M］．北京：中国建材工业出版社，2002.

学位论文

陈日飙．大昌古镇的历史文化与传统建筑研究［D］．重庆大学，2003.
陈烨．城市景观的生成与转换［D］．东南大学，2004.
单军．建筑与城市的地区性：一种人居环境理念的地区建筑系研究［D］．清华大学，2001.
段义猛．我国西部省会城市景观特色审美结构研究［D］．华中科技大学，2008.
方巍．环境价值论［D］．复旦大学，2004.
顾珊珊．乡村人居环境空间环境研究［D］．苏州科技学院，2007.
郭美锋．理坑古村落人居环境研究［D］．北京林业大学，2007. 6
郭彦丹．基于景观功能评价的乡村发展模式研究［D］．北京林业大学，2015.
韩炳越．风景园林规划中历史景观保护、恢复与更新研究［D］．北京林业大学，2005.
何礼平．建筑与绿色元素的共构［D］．浙江大学，2005.

贺勇，适宜性人居环境研究："基本人居生态单元"的概念与方法［D］. 浙江大学，2004.
黄献明．生态经济理论对可持续性建筑设计的启示［D］. 清华大学，2004.
雷振东．整合与重构［D］. 西安建筑科技大学，2005.
李边疆．土地利用与生态环境关系研究［D］. 南京农业大学，2007.
李江奇．滇西北地区用地环境与村落形态初探［D］. 昆明理工大学，2006.
李宁．建筑聚落介入基地环境的适宜性［D］. 浙江大学，2008.
李秀红．中国西部地区农村居民收入与消费问题研究［D］. 兰州大学，2007.
李智勇．商品人工林可持续经营的环境成本研究［D］. 中国农业大学，2001.
林琳．广东地域建筑：骑楼的空间差异研究［D］. 中山大学，2001.
刘福智．城市景观再生设计的理论及策略研究［D］. 西安建筑科技大学，2009.
刘晖．黄土高原小流域人居生态单元及安全模式：景观格局分析方法与应用［D］. 西安建筑科技大学，2005.
路遥．生态消解之路［D］. 西安建筑科技大学，2016.
吕红医．中国村落形态可持续性模式及实验性规划研究［D］. 西安建筑科技大学，2004.
吕小辉．"生活景观"视域下的城市公共空间研究［D］. 西安建筑科技大学，2011.
彭长歆．岭南建筑的近代化历程研究［D］. 华南理工大学，2004.
秦嘉远．景观与生态美学：探索符合生态美之景观综合概念［D］. 东南大学，2006.
邱建伟．走向"天人合一"［D］. 天津大学，2006.
任军．中国传统庭院体系分析与继承［D］. 天津大学，1996.
宋晔浩．注重生态，整体设计：结合生态的设计方法［D］. 清华大学，1998.
孙炜玮．基于浙江地区的乡村景观营建的整体方法研究［D］. 浙江大学，2014.
谭良斌．传统民居建筑环境发展演变机理研究［D］. 西安建筑科技大学，2004.
汤朝晖．相容建筑：由城市公共空间切入建筑设计的方法研究［D］. 华南理工大学，2003.
田银生．中国传统城市的"人居环境"思想与建设实践［D］. 清华大学，2000.
童乔慧．澳门城市环境与文脉研究［D］. 东南大学，2004.
王辉．徽州传统聚落生成环境研究［D］. 同济大学，2005.
王树声．黄河晋陕沿岸历史城市人居环境营造研究［D］. 西安建筑科技大学，2006.
王绚．传统堡寨聚落研究［D］. 天津大学，2004.
徐岚．我国当代乡村设计初探［D］. 西安建筑科技大学，2007.
许娟，秦巴山区乡村聚落规划与建设策略研究［D］. 西安建筑科技大学，2011.
杨柳．建筑气候分析与设计策略研究［D］. 西安建筑科技大学，2002.
杨鑫．地域性景观设计理论研究［D］. 北京林业大学，2009.

于海漪．基于复杂科学的人居环境科学方法论研究［D］．清华大学，2001.

于汉学． 黄土高原沟壑区人居环境生态化理论与规划设计方法研究［D］． 西安建筑科技大学，2007.

岳晓鹏．国外生态村社的社会、经济可持续性研究［D］．天津大学，2007.

张鸽娟．陕南新农村建设的文化传承研究［D］．西安建筑科技大学，2011

张弘．基于生态环境重建的西部地区经济增长方式研究［D］．西北大学，2008.

张晋石．乡村景观在风景园林规划与设计中的意义［D］．北京林业大学，2006.

张凯丽．建筑遗产的环境设计研究［D］．北京林业大学，2005.

张兴国．川东南丘陵地区传统场镇研究［D］．重庆建筑工程学院，1985.

张玉坤．聚落·住宅：居住空间理论［D］．天津大学，1996.

赵常兴．西部地区城镇化研究［D］．西北农林科技大学，2007.

赵慧宁．建筑环境与人文意识［D］．东南大学，2005.

赵群．传统民居生态建筑经验及其模式语言研究［D］．西安建筑科技大学，2004.

周伟．建筑科技解析及传统民居的再生研究［D］．西安建筑科技大学，2004.

周心琴．城市化进程中乡村景观变迁研究［D］．南京师范大学，2006.

外文文献

Allen Carlson. Aesthetics and environment: the appreciation of nature, art and architecture. Routledge, 2002.

Amold Berleant. Living in the landscape toward an aesthetics of environment. University Press of Kanasa, 1996.

Amos Rapoporf. Human aspects of urban form Ttowards a man-environment approach to urban form and design. New York Pergamon Press, 1977.

Arriaza M, Canas J F. Assessing the visual quality of rural landscape. Landscape and Urban Planning, 2004 (3).

Benson John F. Landscape and sustainability. London & New York:Spon Press, 2000.

Caillault, F Mialhe, C Vannier, et cal. Influence of incentive networks on landscape changes: a simple agent-based simulation approach.Environmental Modeling & Software, 2013 (45).

Christian Norberg-Schulz. Existence, space and architecture. Cambridge: MIT Press, 1965.

Christian Norberg-Schulz. Genius Loci: towards a Phenomenology of architecture. New York: Rizzoli International Publications Inc., 1979.

Ertan Düzgüneş. Evaluation of rural areas in terms of landscape quality. Environmental

Monitoring and Assessment , 2015 (6).

Fonnan R T. Land Mosaic: the ecology of landscape and regions. Cambridge: Cambridge University Press, 1995.

Heike Strelow. Ecological aesthetics: art in environmental design: theory and practice. Birkhauser, 2004.

Jan Gehl. Life between buildings. New York: Van Nostrand Reinhold Company, 1987.

Landscape Architecture. Landscape Journal, 1995, 14 (1).

Lennon J. Cultural landscape management-international inf luences//Taylor K, Lennon J, eds. Managing cultural landscapes. Oxford: Routledge, 2012.

Louis L Roy. Nature-Culture-Fusion. Rotterdam: NAi Publishers, 2003.

Maureen G.Reed, Vncouver T Oronio.Taking stands: gender and the sustainability of rural communities. UBC Press, 2003.

McHarg I L. Design with natural. New York: John Wiley&Sons, 1992.

McHarg I L. Human ecological planning at Plennaylvania Landscape Planning, 1980 (8).

Michel Conan. Environmentalism in landscape architecture. Washington: Dumbarton Oaks, 2000.

Naveh, Zeev Lieberman, Arthur S. Landscape ecology: theory and application. New York: Springer-Verlag, 1984.

Qadeer M A. Ruralopolises: the spatial organization and residential land economy of high-density rural regions in South Asia. Urban Studies, 2004, 37 (9).

Qadeer M A. Urbanization by implosion. Habhital International, 2004 (28).

Simonds, John Ormsbee. Landscape architecture: a manual of site planning and design. New York:McGraw Hill, 1983.

Sushant Paudel, Fei Yuan. Assessing landscape changes and dynamics using patch analysis and GIS modeling. International Journal of Applied Earth Observation and Geoinformation, 2012 (6).

Sustainable urban and scapes.: site design manual for BC Communities. Produced by University of British Columbia and The James Taylor Chair on Landscape & Liveable Environments, 2002.

Sustainable urban landscapes.: the surrey charrette. Produced by University of British Columbia and The James Taylor Chair on Landscape & Liveable Environments, 2002.

Walter P Wright. A history of garden art.New York: Hacker Art Books, 1966.

Weilacher Udo. Between landscape architecture and land art. Basel, Boston: Birkhauser, 1996.

Wemer Nohl. Sustainable landscape use and aesthetic perception-preliminary ref lection on future landscape aesthetics. Landscape and urban Planning, 2000 54 (1).

World Commission on Environment and Development. Our common future. New York, USA: Oxford University Press, 1987.

Yifu Turn. Topophilia, a study of environmental perception. Atttt Zides and Values, 1974 by Prentice-Hall Inc. Englewood Cliffs, New Jersey.